충청학 지역 연구 자료 도서

조선지지자료 충청남도편 I

(朝鮮地誌資料 忠淸南道篇)

충청학 지역 연구 자료 도서

조선지지자료 충청남도편 I

(朝鮮地誌資料 忠淸南道篇)

발행일 2018년 2월 28일 발행인 오덕성 엮은이 김정태
펴낸곳 (사)충남대학교출판문화원 주소 대전광역시 유성구 대학로 99
전화 042-821-6045 홈페이지 http://www.cnupress.co.kr E-mail cnupress@cnu.ac.kr

ISBN 978-89-7599-654-2 94700
978-89-7599-648-1 (세트번호)

정가 35,000원

이 도서는 "2017년도 인문역량강화사업(CORE) 우수인문도서 출판사업 시행계획"(충남대학교 인문역량강화사업단)에 의거 제작된 것입니다

CORE 인문도서 05

충청학 지역 연구 자료 도서

조선지지자료 충청남도편 I

(朝鮮地誌資料 忠淸南道篇)

김정태 편

충남대학교출판문화원

『조선지지자료』 해제

지리지는 일정 지역에 대한 다양한 지리적 정보를 담고 있다. 『조선지지자료』도 20세기 초기의 지리지이다. 여기에서도 지명을 중심으로 우리나라 전역에 대한 지리 및 역사 정보 등을 제공하고 있다.

『조선지지자료』는 현재 국립중앙도서관(古 2703) 소장의 54책 필사본으로 누가, 언제 펴냈는지 알려져 있지는 않다. 다만 지명에 관한 한 1/5만 지도 『朝鮮地形圖』(1917)에 버금가는 지명이 실려 있다.

체제면에서 기재한 순서는 -道 -郡 -面으로 먼저 제시한 뒤, 種別 - 地名 - 諺文 - 備攷의 통일된 형식 하에 각 난을 채워 넣도록 양식화되어 있다. 이와 같은 양식의 통일은 본 『조선지지자료』를 편찬하기 위한 특별한 동기와 목적이 있는 것으로 보이며, 상위의 기관에서 내려 보낸 의도가 있는 것으로 보인다.

먼저 種別欄은 조사 항목을 말하는데, 지역에 따라 그 항목이 넘나들고 있다. 예를 들어, 충청남도 한산군의 경우, 山谷名, 嶺峙峴名, 城堡名, 堤堰洑名, 寺刹名, 野坪名, 古蹟名, 洞里村名, 江川溪澗名, 酒幕名, 渡津名, 浦口名, 古碑名, 市場名, 土産名 등의 항목을 두었다. 이에 대해서는 각 面마다 그에 해당하는 항목만을 기술하고 있기 때문에 모든 面이 동일한 것은 아니다. 필사의 글자체가 다르고 각 항목을 채워 넣어 기술한 방법도 다른 것으로 보아, 많은 편찬자가 동원되었음을 예측케 하는 부분이다.

그리고 地名欄은 種別에 해당하는 유형의 구체적인 지명들을 한자어로 기록하였다. (드물게 한글을 사용한 경우도 있다.) 그 수에 있어서 적지 않다. 그런데 달필로 필사되었음에도 불구하고, 略字, 俗字, 僻字가 있는가 하면, 일본어도 섞여 있다. 따라서 판독 및 전사에 어려움이 적지 않다. 특이한 것은 諺文欄이 우리말에 대한 한글 표기가 있는데도 불구하고 地名欄이 비어 있는 경우이다.

諺文欄은 한글로 지명을 기재한 부분이다. 地名欄의 한자지명에 대한 우리말 지명이다. 이들을 통해 우리말 지명에 대한 한자어화의 방법을 읽어 낼 수 있다. 이를테면, '舟村 빅말'(회덕 주안면)처럼 훈차나, '率郞里 솔랑이'(회덕 외남면)처럼 음차의 방식을 볼 수 있기 때문이다. 그러나 한자어화의 대응과 전혀 관계없는 경우도 허다하다. 예를 들면, '大下里

용당리'(한산 남하면), '新谷里 직밋'(회덕 탄동면) 등등이다.

이처럼 諺文欄은 地名欄의 한자 지명에 대한 한글 표기로 볼 수 있어, 해당 지명의 제반 정보를 얻을 수 있다. 그러나 비어 있는 경우도 적지 않다. 특히 공주군에서는 거의 대부분이 비어 있다. 또는 備攷欄에 들어 가야 할 내용이 잘못 들어간 예들도 있다. 이를테면, 공주군의 古跡名所名 중 獨樂亭(地名欄)의 諺文欄에는 '開國初의 典書林蘭秀休退所'가 들어가 있는데, 備攷欄에 들어 가야 할 내용이다.

마지막으로 備攷欄은 앞에 제시된 지명들에 대한 위치나 유래 등을 소개하고 있다. 이와 같은 기록들을 통해 농경 사회에 대한 정보, 촌락의 생성 및 제반 시설에 대한 정보, 금석문이나 지역민들의 신앙까지도 엿볼 수 있는 내용들이다.

물론 전체적으로 유형화한 지명에 대해 언문으로 제시하고 그에 대한 특이 사항을 기록하고 있지만, 한자지명이나 언문을 잘못 기재한 경우도 적지 않다. 고친 부분도 더러 눈에 띈다. 따라서 연구자료로 활용될 때에는 이 부분들을 유의해야 할 것이다.

언제, 어디에서, 누가, 어떤 경위로 『조선지지자료』를 편찬했는지는 분명치 않다. 그러나 1910년경 조선의 기초지명 자료로서 답사를 통한 채록의 결과로 이루어진 자료들이다. 전래하는 지명을 한글로 표기한 최고(最古)의 자료로서 그 가치는 매우 크다. 따라서 일차적으로는 국어학적인 측면에서 유용하게 활용할 수 있다. 즉, 우리말 지명에 대한 한자어화가 대응하고 있어 차자표기법에 대한 연구에 유용하다. 그리고 국어사 및 지명어사 연구에서도 유용하다. 특히 해당 지역어의 연구에도 유용할 것으로 보인다. 해당 지역의 언어를 반영하고 있기 때문이다. 이를테면, 충청남도 편에서 '梨木洞 빅나무숄'(청양 서하면), '聖注洞 승듀골'(서천 마길면) 등은 '오→우, 어→으'의 모음상승을 보여주고 있으며, '釜淵 가마둠벙'(보령 청소면)에서는 '웅덩이'에 대한 '둠벙'이라는 충청도 방언을 보여주고 있기 때문이다.

이외에도 신종원(2008)에서는 필사본 『조선지지자료』의 가치가 다양함을 언급하고 있다. 즉 사회경제사 및 금석문, 고고학, 임업사 등의 역사 자료가 되며, 대왕신앙, 국수신앙, 솟대, 제사 등의 민속 자료 연구자료가 될 수 있음도 언급하였다.

이와 같이 『조선지지자료』는 국어 및 역사, 민속 등 다양한 분야에서 접근 및 연구가 가능하고 유용한 지리지 자료이다.

『조선지지자료』의 간행에 붙여

필사본 『조선지지자료』의 책으로의 간행은 쉽지 않은 일이었다. 다행히 2017년 충남대학교 코어사업단의 지원에 힘입어 지역학 연구 자료 도서로 『조선지지자료』 충청남도 편(1)을 간행하게 되었다. 공주, 연기, 회덕, 진잠, 연산, 노성, 은진, 석성, 임천, 한산, 서천, 비인, 남포, 홍산, 부여, 정산, 청양, 보령, 오천군 등이다. 나머지는 후일 충청남도 편(2)를 기약해 본다.

『호구총수』(1789), 『구한국 지방행정구역 명칭일람』(1912), 『신구대조 조선전도부군면리동 명칭일람』(1917), 『한국지명총람 4』(충남편 상, 하)(1974) 등의 자료와 조선시대 전자문화지도시스템, 국토정보플랫폼 지명사전, 향토문화전자대전, 고지도를 통해 본 충청지명연구 1~2(네이버 지식백과 검색) 등, 입력 교정 과정에 이들 관련 자료를 비교해 가면서 정확하게 전사 입력코자 노력하였다. 그럼에도 불구하고 잘못 전사 입력한 부분이 있는가 싶기도 하다. 그래도 이 분야의 연구에 다소 도움이 되기를 기대한다. 아울러 <언문색인>을 첨부하였다.

이 책을 간행하면서 도와준 분들에게 감사의 마음을 전해야 할 듯하다. 먼저 코어사업단에서 충청학 연구 자료 도서 발간을 지원해 주었다. 그리고 전사 및 입력에 최은영, 선애리, 홍희정 선생이 참여해 주었다. 두루두루 고마움을 전한다.

2018년 2월 28일

충남대학교 국어국문학과 김정태

목 차

忠清南道　地名資料

1. 공주(公州)

面名	種別	地名	諺文	備攷
	峴名	岩峴		
	〃	古大岾		
	〃	於乙溫峴		
	〃	秋踰峴		
	〃	加文峴		
	〃	沙工巖		
	池名	潛淵		
	川名	柳浦川		懷德郡ニアリ
	〃	省川		
	〃	大田川		懷德郡ニアリ
	渡津名	陰嚴津		
	〃	紙洞津		
	古蹟名所	淸流部曲		
	〃	良化部曲		
	〃	範奎部曲		
	〃	美化部曲		
	〃	貴智部曲		
	〃	就利山		
	〃	今丹所		
	〃	甲村所		
	〃	村介所		
	〃	福水所		
	〃	金生所		

面名	種別	地名	諺文	備攷
	〃	禿城		
	寺刹名	普門寺		懷德郡ニアリ
	〃	妙覚寺		
	〃	中庵寺		懷德郡ニアリ
	院名	觀喜院		
	〃	盤若院		
	〃	古館院		
	〃	公濟院		
	〃	內倉院		
	〃	廣道院		
	〃	佛峴院		
	堤堰狀名	倉前堤		
長尺面	山名	鷄卵峰山		長尺面 下山里後麓
〃	〃	王女峰山		〃 牛山里後山
〃	〃	赤芝山		〃 院村里
〃	〃	甑峰山		〃 漁隱里
〃	〃	雙峰山		〃 孝悌洞
〃	〃	衮轝峰山		〃 松鶴里
〃	〃	將軍峰山		〃 漁隱里
新上面	〃	泰華山		新上面　錦川里
鳴灘面	〃	槐花山		鳴灘面　盤谷里
東部面	〃	公山		東部面　山城
新上面	〃	天方山		新上面　小谷里
〃	〃	鳳巢山		〃 塔立洞

面名	種 別	地 名	諺 文	備 攷
〃	〃	鳳凰山	걱정봉	〃 德岩里
〃	〃	鷹峰		〃 赤岩
〃	〃	金鷄山		〃 秋洞里
〃	〃	冨春山		〃 鷄峰里
〃	〃	法華山		〃 達同里
〃	〃	鳩仙峰		〃 鳴牛里
〃	〃	胎封山		〃 立石里
〃	〃		방여산	〃 倉里
〃	〃	囉叭峰		〃 維鳩里
〃	〃	鹿頂山		〃 水村里
〃	〃	冠佛山		〃 鹿門里
東部面	〃	李棹山		東部面 柿木洞
〃	〃	鷲尾山		〃 下新里
〃	〃	月城山		〃 月城
半灘面	〃	翠屛山		半灘面 松亭里
〃	〃	菊秀峰		〃 三角里
〃	〃	鷹峰		〃 〃
〃	〃	通山		〃 彦峙里
〃	〃	宣德山		〃 宣德里
〃	〃	古論山		〃 土沃洞
〃	〃	聖里峰		〃 聖里
〃	〃	将軍峰		〃 鼎峙里
〃	〃	國社峰		〃 菊洞
〃	〃	長久峰		〃 梨谷里

面名	種　別	地　名	諺　文	備　攷
〃	〃	上輿峰		〃　〃
〃	〃	雲岩山		〃 梨谷雲岩両里
〃	〃	鶯峰山		〃 雲岩里
〃	〃	配偶山		〃 江山里
〃	〃	水蔵山		〃 雲谷里
〃	〃	十里峰		〃 見山里
〃	〃	三台峰		〃 松谷里
正安面	〃	茂城山		正安面 平田里에서 達洞까지
〃	〃	烽燧山		〃 仁諸院
木洞面	〃	九折山		木洞面 本木洞
〃	〃	天摩山		〃 下台山
〃	〃	乾芝山		〃 善根里
縣內面	〃	王駕峰		縣內面 九岩里
辰頭面	〃	金盤山		辰頭面 石洑里
〃	〃	鷹峰山		〃 竹坪里
曲火川面	〃	鳳凰山		曲火川面 內加尺里
〃	〃	青林山		〃　〃
〃	〃	元宗峰		〃 南山里
〃	〃	望德峰		〃 望德里
〃	〃	德芝山		〃 德芝山里
〃	〃	鷹峰		〃 雙峰里
〃	〃	笠峰		〃 臥龍山
〃	〃	金坪山		〃 盤松里

面名	種 別	地 名	諺 文	備 攷
新下面	〃	八峰山		新下面 儀洞
〃	〃	九節山		〃 百世洞
〃	〃	鳳凰山		〃 山陰里
〃	〃	明德山		〃 明德里
〃	〃	王女峰		〃 小洞
〃	〃	國師峰		〃 甲坡里
〃	〃	活人峰		〃 花陽里
寺谷面	〃	泰華山		寺谷面 鳴珂洞
〃	〃	王女峰		〃 〃
〃	〃	三亭峰		〃 九岩里
〃	〃	鐵蝿山		〃 佳會洞
〃	〃	茂城山		〃 大侍郎里
〃	〃	八峰山		〃 蟹越里
〃	〃	國師峰		〃 龍水里
〃	〃	九龍山		〃 明堂里
鳴灘面	〃	公山		鳴灘面 盤谷里
〃	〃	茂城山		〃 〃
〃	〃	月城山		鳴灘面 盤谷里
〃	〃	舟尾山		〃 〃
〃	〃	艇止山		〃 〃
〃	〃	鳳凰山		〃 〃
〃	〃	余美山		〃 〃
〃	〃	母岳山		〃 〃
〃	〃	油岾山		〃 〃

面名	種 別	地 名	諺 文	備 攷
〃	〃	慈乙每山		〃 〃
益口面	〃	鷄龍山		益口面　甲山
〃	〃	舞鳳山		〃 柳山
城頭面	〃	司馬山		城頭面　盤谷里
〃	〃	仙人峰		〃 墨方里
〃	〃	鷹峰山		〃 晩城里
陽也里面	〃	重光山		陽也里面
南部面	〃	鳳凰山		南部面　上鳳村
〃	〃	余美山		〃 新永里
要堂面	〃	銅穴山		要堂面　可藥洞
〃	〃	城隍山		〃 德谷里
〃	〃	烽火山		〃 五龍洞
〃	〃	鷲峰山		〃 臥龍里
〃	〃	光谷山		〃 柳溪里
〃	〃	城峙山		〃 栗亭里
〃	〃	王女峰山		〃 洗淸里
牛井面	〃	茂城山		牛井面 永川
長尺面	谷名	漁隱谷		長尺面 漁隱里
〃	〃	四德谷		〃 四德里
新上面	〃	佛谷		新上面 錦川里
〃	〃	土谷		〃 小谷里
〃	〃	長作谷		〃 唐谷洞
〃	〃	月谷		〃 〃
〃	〃	國士堂谷		〃 秋洞里

面名	種 別	地 名	諺 文	備 攷
〃	〃	基谷		〃 鷄峰里
〃	〃	大寺谷		〃 水村里
〃	〃	梓宮谷		〃 新里
〃	〃	牛卧谷		〃 農基里
〃	〃	昔日谷		〃 倉里
〃	〃	馬鞍谷		〃 鳴牛里
長尺面	野名	遠湖野		長尺面 遠湖里
〃	〃	射場野		〃 道溪里
〃	〃	院村野		長尺面 院村里
〃	坪名	九於坪		〃 中山里
〃	〃	東古坪		〃 東古介里
〃	〃	下山坪		〃 下山里
〃	〃	墨亭坪		〃 墨亭里
〃	〃	長峴坪		〃 長峴里
〃	〃	牛山坪		〃 牛山里
〃	〃	安基坪		〃 安基里
〃	〃	漁隱坪		〃 漁隱里
〃	〃	長田坪		〃 中山里
〃	〃	軍粮坪		〃 安基里
〃	〃	豊德坪		〃 豊德里
〃	〃	宗坪		〃 外岩里
新上面	〃	秋坪		新上面 錦川里
〃	〃	陰地坪		〃 〃
〃	〃	龍鬚坪		〃 〃

面名	種 別	地 名	諺 文	備 攷
〃	〃	叩諌坪		〃 秋洞里
〃	〃	汗雨坪		〃 鷄峰坪
〃	〃	法華坪		〃 達洞里
〃	〃	津巨坪		〃 〃
〃	〃	宗坪		〃 〃
〃	〃	氷長坪		〃 立石里
〃	〃	石洑坪		〃 新里
〃	〃	月影坪		〃 倉里
〃	〃	南坊坪		〃 南坊里
〃	〃	三中坪		〃 水村里
〃	〃	汝水坪		〃 〃
東部面	〃	濁浦坪		東部面 上新
〃	〃	将基坮坪		〃 将基坮
〃	〃	孝浦坪		〃 月城
〃	〃	四松坪		〃 上松
三岐面	〃	三岐坪		三岐面 面中央
〃	〃	楮田坪		〃 〃
半灘面	〃	中坪	즁뜰	半灘面 鶴林, 鶴洞, 聖里, 尹山 四里
木洞面	〃	大通坪		木洞面 草鳳里
〃	〃	九禮坪		〃 塊南里
〃	〃	內浦坪	안기자리들	〃 檢詳里
〃	〃	外浦坪	밧기자리들	〃 〃
辰頭面	〃	板峙坪		辰頭面 中鳳里

面名	種 別	地 名	諺 文	備 攷
〃	〃	沼亭坪		〃 〃
〃	〃	新鳳坪		〃 〃
〃	〃	院垈坪		〃 月岩里
〃	〃	淸水坪		〃 〃
〃	〃	月岩坪		〃 〃
〃	〃	九於坪		〃 〃
〃	〃	柳坪		〃 莘谷里
曲火川面	〃	佳峙坪		曲火川面 內加尺里
〃	〃	元堂坪		〃 〃
〃	〃	大德坪		〃 〃
鳴灘面	〃	黃龍坪		鳴灘面 黃龍里
曲火川面	〃	自放坪		曲火川面 內加尺里
〃	〃	細洞坪		〃 光明里
〃	〃	四川坪		〃 〃
〃	〃	三山坪		〃 〃
〃	〃	德芝坪		〃 德芝山里
〃	〃	古来坪		〃 雙峰里
〃	〃	洑野坪		〃 〃
〃	〃	柳谷坪		〃 〃
〃	〃	竹林坪		〃 〃
〃	〃	朴門水坪		〃 新永里
〃	〃	介同坪		〃 盤松里
〃	〃	西斤坪		〃 〃
〃	〃	九老坪		〃 〃

面名	種 別	地 名	諺 文	備 攷
〃	〃	孝橋坪		〃 〃
新下面	〃	石崇坪		新下面 福洞里
〃	〃	雙眞坪		〃 東幕里
〃	〃	直川坪	반닉들	〃 百世洞
〃	〃	隱口坪		〃 山陰里
〃	〃	廣灘坪		〃 〃
〃	〃	尺坪	잣틔들	〃 〃
寺谷面	〃	店隅坪		寺谷面 佳會洞
〃	〃	古丹坪		〃 菱溪里
〃	〃	虒溪坪	범지들	寺谷面 虒溪里
〃	〃	花溪坪	쏫기올들	〃 新坪里
〃	〃	魚目坪		〃 蟹越里
鳴灘面	〃	黃龍坪		鳴灘面 黃龍里
城頭面	〃	宗坪		城頭面 浦水里
〃	〃	元央坪		〃 大門里
〃	〃	水浪坪		〃 新垈里
〃	〃	五陽坪		〃 新永里
〃	〃	宗坪		〃 坪洞里
〃	〃	陽淸坪		〃 山峴里
南部面	〃	小亭坪	소졍이들	南部面 小亭里
〃	〃	正子方坪		〃 校村
要堂面	〃	廣德坪		要堂面 德谷里
〃	〃	月溪坪		〃 〃
〃	〃	德谷坪		〃 〃

面名	種 別	地 名	諺 文	備 攷
〃	〃	九億坪		〃 水村里
〃	〃	造山坪		〃 〃
〃	〃	新洑坪		〃 〃
〃	〃	薪芀坪		〃 〃
〃	〃	陽村坪		〃 陽村
〃	〃	下陽坪		〃 〃
〃	〃	倉坪		〃 〃
〃	〃	防遮坪		要堂面 陽村
〃	〃	宮前坪		〃 松亭
〃	〃	杜地坪		〃 柳溪里
〃	〃	坪基坪		〃 坪基里
〃	〃	文城坪		〃 文城里
〃	〃	白楊坪		〃 坪基里
〃	〃	川邉坪		〃 五龍里
〃	〃	太率坪		〃 栗亭里
〃	〃	水満坪		〃 鳳溪里
〃	〃	栗亭坪		〃 〃
〃	〃	日下坪	날아리들	〃 栗谷里
〃	〃	臥龍坪		〃 臥龍里
〃	〃	石隅坪	돌모루들	〃 〃
〃	〃	後溪坪		〃 〃
〃	〃	榛谷坪		〃 鳳谷里
〃	〃	五柳坪		〃 洗淸里
〃	〃	洗淸坪		〃 〃

面名	種 別	地 名	諺 文	備 攷
〃	〃	新城坪		〃 新城里
〃	〃	新陽坪		〃 新陽里
東部面	江名	山城津		東部面 山城
〃	〃	錦江津		〃 将基坮
三岐面	〃	三峴江		三岐面 鶯聽里
東部面	〃	瓦也津		東部面 瓦也洞
三岐面	〃	羅江		三岐面 羅城里
半灘面	〃	滄江		半灘面 書院里
〃	〃	汾江		〃 汾江里
鳴灘面	〃	芙蓉江		鳴灘面 芙蓉里
城頭面	〃	錦江		城頭面 水浦里
南部面	〃	錦江		南部面 龍堂里
長尺面	川名	大橋川		長尺面 大橋里
〃	〃	遠湖川		〃 遠湖里
東部面	〃	血流川		東部面 向孝浦
〃	〃	下酒幕川		〃 下酒幕
三岐面	〃	道山川		三岐面 宗村
〃	〃	濟川		〃 濟川里
東部面	〃	日新北川		東部面 日新里
反浦面	〃	溫泉		反浦面 孔岩
新下面	〃	萬川		新下面 福洞後
〃	〃	小川		〃 東幕里
城頭面	〃	上城川		城頭面 上城里
〃	〃	公水院川		〃 龍岩里

面名	種 別	地 名	諺 文	備 攷
南部面	〃	邑內川		南部面 公州邑內
要堂面	〃	栗亭川		要堂面 栗亭里
〃	〃	坪基川		〃 坪基里
〃	〃	川邊川		要堂面 川邊里
〃	〃	水村川		〃 水村里
牛井面	〃	通山川		牛井面 九岩里
〃	〃	銅川		〃 銅川里
寺谷面	〃	蔴谷川		寺谷面 佳會洞
長尺面	溪名	豊德溪		長尺面 豊德里
〃	〃	漁隱溪		〃 漁隱里
〃	〃	孝悌溪		〃 孝悌里
〃	〃	松沉溪		〃 松浸里
〃	〃	沙川溪		〃 沙川里
〃	〃	新村溪		〃 新村里
〃	〃	長峴溪		〃 長峴里
〃	〃	下山溪		〃 下山里
新上面	〃	亀溪		新上面 維鳩里
〃	〃	柒泉		〃 水村小八十里
寺谷面	〃	花溪		寺谷面 明堂里
〃	〃	虎溪		〃 乕溪里
辰頭面	〃	小溪		辰頭面 安永里
要堂面	〃	独谷溪		要堂面 淨溪里
〃	〃	要洞溪		〃 要洞
〃	〃	銅穴溪		〃 德谷里

面名	種 別	地 名	諺 文	備 攷
〃	〃	北村溪		〃 北村里
〃	〃	栗谷溪		要堂面 栗谷里
〃	〃	長南溪		〃 柳溪里
〃	〃	石隅溪		〃 臥龍里
〃	〃	部春溪		〃 松亭里
長尺面	澗名	外岩澗		長尺面 外岩里
〃	〃	墨亭澗		〃 墨亭里
〃	〃	牛鎭澗		〃 牛鎭洞
〃	〃	囬冨澗		〃 囬冨里
〃	渡津名	遠湖津		〃 遠湖里
半灘面	〃	半灘津	반여울나루	半灘面 津頭里
〃	〃	滄江津		〃 書院里
〃	〃	旺津		〃 〃
〃	〃	鍮店津		〃 雲岩里
木洞面	〃	新津	ᄉᆡ나루	木洞面 萬水洞
鳴灘面	〃	芙江津		鳴灘面 芙蓉里
東部面	〃	錦江津		東部面 将基垈
城頭面	〃	檢詳津		城頭面 木浦里
南部面	〃	熊津	고마나루	南部面 新永里
〃	〃	加加津	데데울나루	〃 韓山所
木洞面	〃	今尙津		木洞面 檢詳洞
三岐面	〃	羅城津		三岐面 羅城里
新上面	驛名	維鳩驛		新上面 維鳩里
東部面	〃	日新驛		東部面 日新里

面名	種 別	地 名	諺 文	備 攷
正安面	〃	廣亭驛		正安面 廣亭里
牛井面	〃	丹坪驛		牛井面 丹坪里
益口谷面	〃	敬天驛		益口谷面 敬天里
半灘面	〃	利仁驛		半灘面 鳴龍里
正安面	院名	弓院		正安面 弓院里
寺谷面	〃	仁濟院		寺谷面 九岩里
〃	〃	上院		〃 〃
半灘面	〃	蒼江書院		半灘面 書院里
東部面	〃	普通院		東部面 将基垈
〃	〃	錦江院		東部面
要堂面	〃	毛老院		要堂面 毛老院
南部面	〃	熊津院		南部面 熊津
城頭面	〃	公西院		城頭面 公須院
東部面	〃	孝家里院		東部面 孝浦里
反浦面	〃	忠賢書院		反浦面 書院里
長尺面	〃	錦湖書院		長尺面 院村
縣內面	站名	儒城市站		縣內面 場垈里
長尺面	〃	大橋店		長尺面 大橋里
〃	〃	長峴店		〃 長峴里
〃	〃	遠湖店		〃 遠湖里
〃	〃	松沉店		〃 松沉里
寺谷面	〃	鉄店		寺谷面 乕溪里
長尺面	市場名	大橋市		長尺面 大橋里
新上面	〃	維鳩市		新上面 維鳩里

面名	種 別	地 名	諺 文	備 攷
半灘面	〃	利仁市		半灘面 鳴龍里
〃	〃	旺津市		〃 書院里
正安面	〃	廣亭市		正安面 廣亭
益口谷面	〃	敬天市		益口谷面 敬天里
城頭面	〃	公須院市		城頭面 公須院
鳴灘面	浦口名	芙江浦		鳴灘面 島中
新上面	酒幕店	松亭酒幕		新上面 文岩里
〃	〃	叩諫院酒幕		〃 秋洞
〃	〃	鷄峰酒幕		〃 鷄峰里
〃	〃	立石酒幕		〃 立石里
〃	〃	牟店酒幕		〃 新里
〃	〃	月影臺酒幕		〃 倉里
〃	〃	鹿門酒幕		〃 鹿門里
〃	〃	古峙酒幕		〃 聖住洞
〃	〃	長川酒幕		〃 長川里
東部面	〃	孝酒幕		東部面 孝酒里
〃	〃	向孝店		〃 向孝里
〃	〃	瓦也店		〃 瓦也洞
〃	〃	将基店		〃 将基坮
〃	〃	王龍店		〃 王龍洞
〃	〃	柿木店		〃 柿木洞
〃	〃	藥川店		〃 藥川洞
〃	〃	日新店		〃 日新里
〃	〃	矢橋店		〃 矢橋里

面名	種 別	地 名	諺 文	備 攷
〃	〃	下酒店		〃 下酒幕里
三岐面	〃	道山酒幕		三岐面 宗村里
〃	〃	松峴酒幕		〃 真儀里
〃	〃	冷井酒幕		〃 坪村里
〃	〃	莎屋酒幕		〃 〃
〃	〃	西斤所酒幕		〃 羅城里
〃	〃	津頭酒幕		〃 〃
〃	〃	唐洞酒幕		〃 唐洞里
半灘面	〃	三巨里酒幕		半灘面 三巨里
〃	〃	旋門巨里酒幕		〃 鶴林里
〃	〃	中坪酒幕		〃 土沃洞
〃	〃	半灘酒幕		〃 津頭里
木洞面	〃	會仙店		木洞面 會仙洞
〃	〃	胎封店		〃 胎封里
〃	〃	龍帍店		〃 龍帍洞
〃	〃	蚕頭店		〃 龍城
〃	〃	黑岩店		〃 善根里
〃	〃	長才店		〃 外台
〃	〃	石塔店		〃 〃
〃	〃	玄岩店		〃 梧谷
〃	〃	木苽店		〃 寒泉
〃	〃	黃沙店		〃 斗阿
縣內面	〃	老隱店		縣內面 老隱里
〃	〃	坐岩店		縣內面 坐岩里

面名	種 別	地 名	諺 文	備 攷
〃	〃	乾川店		縣內面 伏龍里
寺谷面	〃	羅岩		寺谷面 山所里
〃	〃	首臺		〃 鳴珂里
〃	〃	毛丹		〃 〃
〃	〃	洞口		〃 〃
鳴灘面	〃	三城里		鳴灘面 盤谷里
〃	〃	馬場		〃 石三里
〃	〃	草五介		〃 草五介
奇谷面	〃	帍溪店		奇谷面 帍溪里
〃	〃	中里店		〃 佳會里
〃	〃	魚目店		〃 蟹越里
〃	〃	九水洞店		〃 九水里
〃	〃	鷄峰店		〃 月隱洞
〃	〃	陵山店		〃 〃
〃	〃	古心里店		〃 新平里
〃	〃	九峴店		〃 九溪里
益口谷面	〃	敬天酒幕		益口谷面 敬天里
南部面	〃	熊津酒幕		南部面 龍堂里
〃	〃	加加津酒幕		〃 韓山所
〃	〃	東垈酒幕		〃 朴山所
〃	〃	牛禁酒幕		〃 上鳳村
〃	〃	花仙橋酒幕		〃 〃
要堂面	〃	新酒幕		要堂面 新垈里下
〃	〃	九曲店		〃 柳溪里

面名	種 別	地 名	諺 文	備 攷
〃	〃	栗亭店		〃 栗亭里
〃	〃	石隅店		〃 石隅里
〃	〃	新作路店		〃 川邊里
〃	〃	鶴連店		〃 鶴連洞
牛井面	〃	西酒幕		牛井面 西豊
〃	〃	銅川酒幕		〃 龍江
東部面	池名	龍淵		東部面 将基坮
長尺面	堤堰洑名	遠湖洑		長尺面 孝悌洞
新上面	〃	厚永洑		新上面 維鳩里
〃	〃	求禮坪洑		〃 南坊里
〃	〃	射場坪洑		〃 水村里
〃	〃	月影坪洑		〃 倉里
〃	〃	可達坪洑		〃 〃
〃	〃	廣亭洑		〃 新里
曲火川面	〃	大也洞堤		曲火川面 鴻城里
〃	〃	宗井洞堤		〃 〃
〃	〃	安永洞堤		〃 安永里
縣內面	〃	德樂堤		縣內面 德樂里
三岐面	〃	禾王洞堤		三岐面 禾王洞
東部面	〃	厤斤洞堤		東部面 厤斤洞
新上面	〃	驛廵洑		新上面 立石里
東部面	〃	馬頭洑		東部面 獨浦坪
三岐面	〃	楮田洑		三岐面 龍岩里
〃	〃	冶浦洑		〃 老隱里

面名	種 別	地 名	諺 文	備 攷
正安面	〃	石洑		正安面 廣亭
〃	〃	新洑		〃 內村
〃	〃	水億洑		〃 甫勿里
〃	〃	春山洑		〃 〃
〃	〃	南原洑		〃 西弓院
〃	〃	燕岐洑		〃 〃
〃	〃	西致洑		〃 〃
〃	〃	石松亭洑		〃 平村
〃	〃	白洑		〃 達城
縣內面	〃	斗潤洑		縣內面 陽地坪
辰頭面	〃	新洑		辰頭面 石洑里
〃	〃	石洑		〃 〃
〃	〃	末西洑		〃 〃
〃	〃	廣大洑		〃 〃
〃	〃	舞台洑		〃 〃
〃	〃	江德洑		〃 下化里
〃	〃	曾山洑		〃 〃
〃	〃	求禮洑		〃 〃
〃	〃	小耕洑		〃 甑山里
〃	〃	利永洑		〃 〃
〃	〃	農山洑		〃 〃
新下面	〃	石崇洑		新下面 福洞
〃	〃	雙亭洑		〃 東幕里
〃	〃	廣灘洑		〃 山陰里

面名	種 別	地 名	諺 文	備 攷
〃	〃	隱口洑		〃 古道谷
寺谷面	〃	蟾石洑		寺谷面 佳會洞
〃	〃	古丹洑		〃 古丹里
〃	〃	花岩洑		〃 乕溪里
〃	〃	花溪洑		〃 明堂里
〃	〃	通天洑		〃 安永里
要堂面	〃	坪基堤		要堂面 坪基里
〃	〃	新洑		〃 水村里
〃	〃	前洑		〃 〃
〃	〃	高登洑		〃 東溪里
長尺面	嶺峙峴名	舞鶴嶺		長尺面 沙川里
〃	〃	方峴嶺		〃 院村
〃	〃	福并峙		〃 安基里
〃	〃	多判峴		〃 月峴里
〃	〃	沙器店峴		〃 沙川里
〃	〃	五十留峴		〃 東古介
〃	〃	靜洞峴		〃 靜洞里
新上面	〃	秋峴		新上面 錦川里
〃	〃	長嶺		〃 〃
〃	〃	龍日峙		〃 文岩里
〃	〃	角屹峙		〃 〃
〃	〃	小古峙		〃 小古里
〃	〃	又峙		〃 塔立洞
〃	〃	梧峙		〃 德岩里

面名	種 別	地 名	諺 文	備 攷
〃	〃	細洞峙		〃 達洞
〃	〃	麻田嶺		〃 鳴牛里
〃	〃	拂雲嶺		〃 〃
〃	〃	不目峙		〃 〃
〃	〃	鳩峴		〃 倉里
〃	〃	不去峙		〃 水村里
〃	〃	車嶺		〃 鹿門
〃	〃	古峙		〃 〃
半灘面	〃	車嶺		半灘面 仁諸院
〃	〃	雙嶺		〃 〃
木洞面	〃	發峙		木洞面 胎封里
〃	〃	漆峴		〃 下台山
〃	〃	高分峙		〃 鶴棲
〃	〃	馬峙		〃 斗阿里
縣內面	〃	押峙		縣內面 坐岩里
曲火川面	〃	新塔峙		曲火川面 內加尺里
〃	〃	白土峙		〃 〃
〃	〃	叱馬峙		〃 〃
〃	〃	鶡峙		〃 南山里
〃	〃	雙溪峴		〃 〃
〃	〃	泥峴		〃 望德里
〃	〃	鼎峙		〃 〃
〃	〃	青龍峙		〃 安永里
新下面	〃	九峙		新下面 笠洞

面名	種 別	地 名	諺 文	備 攷
〃	〃	松峙		〃 明德里
盆口谷面	〃	板峙		盆口谷面 板峙
東部面	〃	陵峙		東部面 孝浦
牛井面	〃	東月明臺		牛井面 尾山
〃	〃	西月明臺		〃 〃
寺谷面	〃	九曲峴		寺谷面 九岩里
〃	〃	魚目峴		〃 蟹越里
〃	〃	屈氷峴		〃 大侍郎
〃	〃	九峙		〃 九溪里
〃	〃	人風峴		〃 花田里
盆口谷面	〃	九峴		盆口谷面 萬密里
南部面	〃	舛峙峴		南部面 校村里
〃	〃	牛禁峙		〃 上鳳村
〃	〃	下峴		〃 校村里
要堂面	〃	道子峴		要堂面 束溪里
〃	〃	地龍峴		〃 〃
〃	〃	城峙		〃 松亭里
〃	〃	山幕峙		〃 五龍洞
〃	〃	亟機峙		〃 〃
〃	〃	銅穴嶺		〃 鶴連洞
〃	〃	雲嶺		〃 水村里
〃	〃	斗滿峴		〃 业村里
〃	〃	九曲峴		〃 柳溪里
〃	〃	栗亭峴		〃 栗亭里

面名	種 別	地 名	諺 文	備 攷
〃	〃	獨亭峴		〃 獨亭里
〃	〃	月峰峴		〃 月峰里
反浦面	〃	馬峴	말지	反浦面 馬峙里
〃	〃	火峙	불틔	〃 馬岩里
〃	関坊名	−	−	−
〃	寺刹名	東鶴寺		反浦面 石峰後
曲火川面	〃	青林寺		曲火川面 加尺里
東部面	〃	靈隱寺		東部面 山城
縣內面	〃	德美寺		縣內面 德美里
南部面	〃	南穴寺		南部面 金鶴洞
寺谷面	〃	麻谷寺		寺谷面 九岩里
益口谷面	〃	甲寺		益口谷面 甲山
東部面	〃	望日寺		東部面 山城
鳴灘面	〃	栗寺		鳴灘面 芭田洞
益口谷面	〃	新元寺		益口谷面 陵山
辰頭面	〃	香芝寺		辰頭面 香芝里
南部面	〃	西穴寺		南部面 上鳳村
要堂面	〃	銅穴寺		要堂面 鶴年洞
東部面	古跡名所名	雙樹亭		東部面 山城
三岐面	〃	獨樂亭	開國初의 典書林蘭秀休退所	三岐面 羅城
半灘面	〃	圓山亭	晚喜亭朴漢英의遺址	半灘面 元山里
〃	〃	國社堂	朝鮮太祖妃康氏遺址	〃 菊洞

面名	種　別	地　名	諺　文	備　攷
〃	〃	利仁部曲	前察訪道	〃 九岩, 鳴龍, 松亭, 山仪谷　四里
〃	〃	幻仙亭		〃 雲岩里
木洞面	〃	胎室	朝鮮肅宗朝胎室	木洞面 胎封山
新下面	〃	斗岩		新下面 斗岩里
東部面	〃	孝家里		東部面 向孝浦里
南部面	〃	亭止房		南部面 亭止房
〃	〃	撲山所		〃 朴山所
半灘面	〃	利仁山城		半灘面 利仁
益口谷面	〃	良化山城		益口谷面
新上面	〃	新豊山城		新上面 維鳩里
縣內面	〃	儒城山城		縣內面　儒城
東部面	古碑名	望日思恩碑		東部面 山城
〃	〃	孝子李福碑	新羅人	〃 王龍洞
〃	〃	孝子向德碑		〃 向孝浦里
益口谷面	〃	靈奎大師碑		益口谷面 甲寺
鳴灘面	〃	神道碑	李慶億号華谷　神道碑	鳴灘面 鳴村里
曲火川面	土産名	土器店		曲火川面 盤松里區內
〃	〃	沙金鑛		〃 望德里
寺谷面	〃	柿		寺谷面內
牛井面	〃	沙金		牛井面 銅川里
東部面	城堡名	雙樹山城		東部面 山城里
新下面	〃	山城	산셩터	新下面 山陰里
	面名	縣內面		

面名	種 別	地 名	諺 文	備 攷
	〃	三岐面		
	〃	陽也里面		
	〃	反浦面		
	〃	鳴灘面		
	〃	正安面		
	〃	要堂面		
	〃	儀朗面		
	〃	寺谷面		
	〃	新上面		
	〃	新下面		
	〃	木洞面		
	〃	辰頭面		
	〃	半灘面		
	〃	曲火川面		
	〃	城頭面		
	〃	牛井面		
	〃	益口谷面		
	〃	長尺面		
	〃	東部面		
	〃	南部面		
縣內面	里洞村名	坐岩里		縣內面
〃	〃	花山里		〃
〃	〃	德明里		〃
〃	〃	店村里		〃

面名	種別	地名	諺文	備攷
〃	〃	屈岩里		〃
〃	〃	倉里		〃
〃	〃	宮里		〃
〃	〃	中山里		〃
〃	〃	西城洞		〃
〃	〃	新興里		〃
〃	〃	長古介洞		〃
〃	〃	鳳岩里		〃
〃	〃	南作里		〃
〃	〃	儲坪里		〃
〃	〃	松谷里		〃
〃	〃	光德里		〃
〃	〃	竹谷里		〃
〃	〃	中峰里		〃
〃	〃	東岑里		〃
〃	〃	儒城里		〃
〃	〃	花岩里		〃
〃	〃	新山里		〃
〃	〃	坪田里		〃
〃	〃	松亭里		〃
〃	〃	梅坪里		〃
〃	〃	新村里		〃
〃	〃	道德洞		〃
〃	〃	者隱洞		〃

面名	種 別	地 名	諺 文	備 攷
〃	〃	伏龍洞		〃
〃	〃	上院洞		〃
〃	〃	陽地洞		〃
〃	〃	孝竹洞		〃
〃	〃	竹洞		〃
〃	〃	大也洞		〃
〃	〃	老隱洞		〃
〃	〃	芝洞		〃
〃	〃	隱洞		〃
〃	〃	葛馬洞		〃
〃	〃	芝足洞		〃
〃	〃	龍儀洞		〃
〃	〃	德美洞		〃
〃	〃	水晶洞		〃
〃	〃	公寺洞		〃
〃	〃	童子洞		〃
〃	〃	甲洞		〃
三岐面	里洞村名	杏壇里		三岐面
〃	〃	鳳山洞		〃
〃	〃	坪村里		〃
〃	〃	星田洞		〃
〃	〃	柯亭里		〃
〃	〃	德岩里		〃
〃	〃	道山洞		〃

面名	種 別	地 名	諺 文	備 攷
〃	〃	宗村里		〃
〃	〃	李山洞		〃
〃	〃	道岑里		〃
〃	〃	濟川里		〃
〃	〃	龍岩里		〃
〃	〃	杜谷里		〃
〃	〃	立石里		〃
〃	〃	旺岩里		〃
〃	〃	栗亭里		〃
〃	〃	羅垈洞		〃
〃	〃	羅城里		〃
〃	〃	老隱里		〃
〃	〃	柳溪里		〃
〃	〃	松潭里		〃
〃	〃	西斤所里		〃
〃	〃	坪村里		〃
〃	〃	岐陽洞		〃
〃	〃	真儀洞		〃
〃	〃	倉洞		〃
〃	〃	禾王里		〃
〃	〃	月峴洞		〃
〃	〃	唐洞		〃
〃	〃	岐湖洞		〃
〃	〃	松峴里		〃

面名	種　別	地　名	諺　文	備　攷
陽也里面	里洞村名	南谷里		陽也里面
〃	〃	金川里		〃
〃	〃	壺灘里		〃
〃	〃	新村里		〃
〃	〃	新興里		〃
〃	〃	台山里		〃
〃	〃	塔山里		〃
〃	〃	中鉢里		〃
〃	〃	彭木亭里		〃
〃	〃	店村		〃
〃	〃	柑城里		〃
〃	〃	場垈里		〃
〃	〃	沙陽里		〃
〃	〃	斗滿里		〃
〃	〃	龍岩里		〃
〃	〃	丑山里		〃
〃	〃	下鳳川里		〃
〃	〃	上巨里		〃
〃	〃	下巨里		〃
〃	〃	永峙里		〃
〃	〃	鶴峰里		〃
〃	〃	青寺洞		〃
〃	〃	水落里		〃
〃	〃	后洞		〃

面名	種　別	地　名	諺　文	備　攷
〃	〃	臥龍洞		〃
〃	〃	長在洞		〃
〃	〃	花寺洞里		〃
〃	〃	佳洞		〃
〃	〃	龍浦里		〃
〃	〃	興龍洞		〃
〃	〃	內洞		〃
〃	〃	九龍里		〃
〃	〃	山洞		〃
〃	〃	高沙洞		〃
反浦面	里洞村名	杏亭里		反浦面
〃	〃	鳴岩里		〃
〃	〃	東五里		〃
〃	〃	中村里		〃
〃	〃	翰林亭里		〃
〃	〃	道岩里		〃
〃	〃	聖德洞		〃
〃	〃	尹山里		〃
〃	〃	元峰里		〃
〃	〃	柳山里		〃
〃	〃	屛岩里		〃
〃	〃	柳川里		〃
〃	〃	舟谷里		〃
〃	〃	菊谷里		〃

面名	種 別	地 名	諺 文	備 攷
〃	〃	城江里		〃
〃	〃	城峙里		〃
〃	〃	道南里		〃
〃	〃	盘永里		〃
〃	〃	花亭里		〃
〃	〃	南山里		〃
〃	〃	鳳谷里		〃
〃	〃	馬於口里		〃
〃	〃	院垈里		〃
〃	〃	馬岩里		〃
〃	〃	盘龍里		〃
〃	〃	馬峙里		〃
〃	〃	檢川洞		〃
〃	〃	中山里		〃
〃	〃	德谷里		〃
〃	〃	蓮亭里		〃
〃	〃	孔岩里		〃
〃	〃	書院里		〃
〃	〃	下莘洞		〃
〃	〃	上莘洞		〃
〃	〃	石峰里		〃
〃	〃	蜜木峙里		〃
〃	〃	沙器所洞		〃
〃	〃	東屹里		〃

面名	種 別	地 名	諺 文	備 攷
〃	〃	沙峰里		〃
〃	〃	朴亭子洞		〃
〃	〃	溫泉里		〃
〃	〃	坪村里		〃
〃	〃	所好里		〃
〃	〃	松谷里		〃
〃	〃	汗三洞		〃
〃	〃	永洞		〃
〃	〃	回屛里		〃
〃	〃	隱溪洞		〃
〃	〃	木洞		〃
〃	〃	龍浦里		〃
〃	〃	甲洞		〃
〃	〃	吉滿洞		〃
〃	〃	水南里		〃
〃	〃	東村里		〃
〃	〃	鳳城洞		〃
〃	〃	魚淂雲里		〃
〃	〃	新垈洞		〃
〃	〃	龍潭洞		〃
〃	〃	德川洞		〃
〃	〃	李山里		〃
鳴灘面	里洞村名	盘谷里		鳴灘面
〃	〃	石橋里		〃

面名	種 別	地 名	諺 文	備 攷
〃	〃	南谷里		〃
〃	〃	西福里		〃
〃	〃	亢角里		〃
〃	〃	燕巢里		〃
〃	〃	新垈里		〃
〃	〃	柳山里		〃
〃	〃	桂陽里		〃
〃	〃	永垈里		〃
〃	〃	西台里		〃
〃	〃	上坪里		〃
〃	〃	莘谷里		〃
〃	〃	聖里		〃
〃	〃	鷄峰里		〃
〃	〃	達田里		〃
〃	〃	鳴村里		〃
〃	〃	朴山里		〃
〃	〃	大柳山里		〃
〃	〃	申里		〃
〃	〃	草五峴里		〃
〃	〃	芙蓉里		〃
〃	〃	芙江里		〃
〃	〃	酒店里		〃
〃	〃	石三洞		〃
〃	〃	黃龍洞		〃

面名	種　別	地　名	諺　文	備　攷
〃	〃	大枝洞		〃
〃	〃	大朴洞		〃
〃	〃	鳳起洞		〃
正安面	里洞村名	伏龍里		正安面
〃	〃	下正安里		〃
〃	〃	高山里		〃
〃	〃	上川里		〃
〃	〃	花村里		〃
〃	〃	莘岩里		〃
〃	〃	鳳岩里		〃
〃	〃	新酒幕里		〃
〃	〃	中正安里		〃
〃	〃	平田里		〃
〃	〃	太平里		〃
〃	〃	晩項里		〃
〃	〃	石松里		〃
〃	〃	薪坪里		〃
〃	〃	宗坪里		〃
〃	〃	冷井里		〃
〃	〃	兪山里		〃
〃	〃	長尺里		〃
〃	〃	弓院里		〃
〃	〃	云谷里		〃
〃	〃	內村里		〃

面名	種　別	地　名	諺　文	備　攷
〃	〃	西弓里		〃
〃	〃	新村		〃
〃	〃	古弓里		〃
〃	〃	浦勿里		〃
〃	〃	廣程里		〃
〃	〃	麻田里		〃
〃	〃	達院里		〃
〃	〃	陶谷里		〃
〃	〃	元方里		〃
〃	〃	於勿里		〃
〃	〃	倉村里		〃
〃	〃	道峴里		〃
〃	〃	沙谷里		〃
〃	〃	竹岩里		〃
〃	〃	松川里		〃
〃	〃	花坪里		〃
〃	〃	趙山里		〃
〃	〃	胡桃里		〃
〃	〃	龍雲里		〃
〃	〃	雲方里		〃
〃	〃	豊亭里		〃
〃	〃	仁諸院		〃
〃	〃	姜山里		〃
〃	〃	台城里		〃

面名	種　別	地　名	諺　文	備　攷
〃	〃	大金朗		〃
〃	〃	山亭里		〃
〃	〃	中山里		〃
〃	〃	新田里		〃
〃	〃	大城里		〃
〃	〃	具山里		〃
〃	〃	硯川里		〃
〃	〃	墨方里		〃
〃	〃	龍門里		〃
〃	〃	新城里		〃
〃	〃	都洞		〃
〃	〃	老積		〃
〃	〃	高才		〃
〃	〃	基洞		〃
〃	〃	達洞		〃
〃	〃	山水洞		〃
〃	〃	芦洞		〃
〃	〃	木洞		〃
〃	〃	蘭洞		〃
〃	〃	月隱洞		〃
〃	〃	仙游洞		〃
〃	〃	水回洞		〃
〃	〃	內洞		〃
要堂面	里洞村名	水村里		要堂面

面名	種 別	地 名	諺 文	備 攷
〃	〃	陽村里		〃
〃	〃	栗亭里		〃
〃	〃	月峰里		〃
〃	〃	興德里		〃
〃	〃	德谷里		〃
〃	〃	月溪里		〃
〃	〃	斗陵里		〃
〃	〃	坪村		〃
〃	〃	北村		〃
〃	〃	斗滿里		〃
〃	〃	鳳谷里		〃
〃	〃	店村里		〃
〃	〃	文城里		〃
〃	〃	松亭里		〃
〃	〃	坪基里		〃
〃	〃	平章里		〃
〃	〃	山陽里		〃
〃	〃	上獨里		〃
〃	〃	下獨里		〃
〃	〃	鳳溪里		〃
〃	〃	栗里		〃
〃	〃	柳山里		〃
〃	〃	淨溪里		〃
〃	〃	台城里		〃

面名	種 別	地 名	諺 文	備 攷
〃	〃	新酒幕里		〃
〃	〃	九曲里		〃
〃	〃	後溪里		〃
〃	〃	臥龍洞		〃
〃	〃	栗洞		〃
〃	〃	五龍洞		〃
〃	〃	要洞		〃
〃	〃	基洞		〃
〃	〃	洗淸洞		〃
〃	〃	內洞		〃
〃	〃	會洞		〃
〃	〃	院洞		〃
〃	〃	鶴年洞		〃
儀朗面	里洞村名	德才里		儀朗面
〃	〃	道山里		〃
〃	〃	西垈里		〃
〃	〃	隱谷里		〃
〃	〃	申山里		〃
〃	〃	松岩里		〃
〃	〃	下山亭		〃
〃	〃	新城里		〃
〃	〃	杏木里		〃
〃	〃	泉水里		〃
〃	〃	中新里		〃

面名	種 別	地 名	諺 文	備 攷
〃	〃	月溪里		〃
〃	〃	大平里		〃
〃	〃	中里		〃
〃	〃	聖德里		〃
〃	〃	吳山里		〃
〃	〃	新興里		〃
〃	〃	新場垈里		〃
〃	〃	石峴里		〃
〃	〃	新沼里		〃
〃	〃	舟岩里		〃
〃	〃	中山里		〃
〃	〃	佳樂里		〃
〃	〃	具山里		〃
〃	〃	台山里		〃
〃	〃	上台里		〃
〃	〃	巢龍里		〃
〃	〃	龍垈里		〃
〃	〃	鶴山里		〃
〃	〃	龍溪里		〃
〃	〃	香峴里		〃
〃	〃	中垈里		〃
〃	〃	豊川里		〃
〃	〃	川辺里		〃
〃	〃	松亭里		〃

面名	種別	地名	諺文	備攷
〃	〃	陽村里		〃
〃	〃	坪村		〃
〃	〃	九岩		〃
〃	〃	柳山里		〃
〃	〃	美洞		〃
〃	〃	栢子		〃
〃	〃	日羅		〃
〃	〃	鶴年洞		〃
〃	〃	小方洞		〃
〃	〃	方洞		〃
〃	〃	龍伏洞		〃
〃	〃	新基洞		〃
〃	〃	水回洞		〃
〃	〃	祠宇洞		〃
〃	〃	龍淵洞		〃
寺谷面	里洞村名	外安里		寺谷面
〃	〃	安永里		〃
〃	〃	富坪里		〃
〃	〃	着沙亭		〃
〃	〃	菱溪里		〃
〃	〃	山直里		〃
〃	〃	魚目里		〃
〃	〃	藥山里		〃
〃	〃	蟹越里		〃

面名	種 別	地 名	諺 文	備 攷
〃	〃	花岩里		〃
〃	〃	厓溪里		〃
〃	〃	南溪里		〃
〃	〃	多福里		〃
〃	〃	新坪里		〃
〃	〃	上坪里		〃
〃	〃	下坪里		〃
〃	〃	明堂里		〃
〃	〃	花溪里		〃
〃	〃	長尺里		〃
〃	〃	古丹坪里		〃
〃	〃	元堂里		〃
〃	〃	舞橋里		〃
〃	〃	富谷里		〃
〃	〃	油峙里		〃
〃	〃	連宗里		〃
〃	〃	中里		〃
〃	〃	玄鶴里		〃
〃	〃	九鶴里		〃
〃	〃	九溪里		〃
〃	〃	大侍郎里		〃
〃	〃	九岩里		〃
〃	〃	長田里		〃
〃	〃	雲亭里		〃

面名	種 別	地 名	諺 文	備 攷
〃	〃	花田里		〃
〃	〃	蘭大洞		〃
〃	〃	山所洞		〃
〃	〃	月隱洞		〃
〃	〃	炭洞		〃
〃	〃	佳會洞		〃
〃	〃	松會洞		〃
〃	〃	東海洞		〃
〃	〃	九水洞		〃
〃	〃	基洞		〃
〃	〃	龍水洞		〃
〃	〃	細洞		〃
新上面	里洞村名	鹿門里		新上面
〃	〃	水村		〃
〃	〃	維鳩里		〃
〃	〃	倉村		〃
〃	〃	農基里		〃
〃	〃	上長川里		〃
〃	〃	下長川里		〃
〃	〃	八十里		〃
〃	〃	新里		〃
〃	〃	鷄峰里		〃
〃	〃	內基里		〃
〃	〃	錦川里		〃

面名	種　別	地　名	諺　文	備　攷
〃	〃	赤岩里		〃
〃	〃	龍溪里		〃
〃	〃	文岩里		〃
〃	〃	松亭里		〃
〃	〃	塔立里		〃
〃	〃	小谷里		〃
〃	〃	德岩里		〃
〃	〃	唐谷里		〃
〃	〃	梨谷里		〃
〃	〃	鳴牛里		〃
〃	〃	趙山里		〃
〃	〃	新村		〃
〃	〃	新垈		〃
〃	〃	山北		〃
〃	〃	朴云		〃
〃	〃	時旺		〃
〃	〃	栗溪		〃
〃	〃	芦洞		〃
〃	〃	龍木洞		〃
〃	〃	細洞		〃
〃	〃	秋洞		〃
〃	〃	達洞		〃
〃	〃	斗之洞		〃
〃	〃	新泉洞		〃

面名	種 別	地 名	諺 文	備 攷
新下面	里洞村名	巢鶴里		新下面
〃	〃	花谷里		〃
〃	〃	中新垈里		〃
〃	〃	醉興里		〃
〃	〃	坪村		〃
〃	〃	農所里		〃
〃	〃	五仙坮		〃
〃	〃	冷井里		〃
〃	〃	班永里		〃
〃	〃	花陽里		〃
〃	〃	山陰里		〃
〃	〃	斗岩里		〃
〃	〃	鶴巢里		〃
〃	〃	龍汀里		〃
〃	〃	大朗里		〃
〃	〃	龍溪里		〃
〃	〃	牟谷里		〃
〃	〃	德岩里		〃
〃	〃	花庄里		〃
〃	〃	東幕里		〃
〃	〃	基谷里		〃
〃	〃	杏亭里		〃
〃	〃	古道谷里		〃
〃	〃	尋芳里		〃

面名	種 別	地 名	諺 文	備 攷
〃	〃	新里		〃
〃	〃	平日里		〃
〃	〃	新村		〃
〃	〃	鳳岩里		〃
〃	〃	鳳谷里		〃
〃	〃	龍山里		〃
〃	〃	月溪里		〃
〃	〃	雲鶴里		〃
〃	〃	新興里		〃
〃	〃	白橋里		〃
〃	〃	甲坡里		〃
〃	〃	乫岩里		〃
〃	〃	明德里		〃
〃	〃	沙方洞		〃
〃	〃	儀洞		〃
〃	〃	卜洞		〃
〃	〃	鶴洞		〃
〃	〃	武陵		〃
〃	〃	笠洞		〃
〃	〃	黃金洞		〃
〃	〃	內洞		〃
〃	〃	百世洞		〃
〃	〃	院洞		〃
〃	〃	小洞		〃

面名	種 別	地 名	諺 文	備 攷
〃	〃	萬水洞		〃
〃	〃	芦洞		〃
〃	〃	卜大洞		〃
〃	〃	旺大洞		〃
〃	〃	兎洞		〃
〃	〃	造仙洞		〃
〃	〃	三淸洞		〃
木洞面	里洞村名	三橋里		木洞面
〃	〃	李山里		〃
〃	〃	於谷里		〃
〃	〃	江亭里		〃
〃	〃	胎封里		〃
〃	〃	山積里		〃
〃	〃	於田里		〃
〃	〃	沙村		〃
〃	〃	下胎山里		〃
〃	〃	下胎封里		〃
〃	〃	內調里		〃
〃	〃	新基里		〃
〃	〃	外胎里		〃
〃	〃	發峙里		〃
〃	〃	上調里		〃
〃	〃	下調里		〃
〃	〃	寒泉里		〃

面名	種 別	地 名	諺 文	備 攷
〃	〃	德樹里		〃
〃	〃	方丑里		〃
〃	〃	石南里		〃
〃	〃	射亭里		〃
〃	〃	樹谷里		〃
〃	〃	朱峰里		〃
〃	〃	巢鶴里		〃
〃	〃	草旺里		〃
〃	〃	云川里		〃
〃	〃	松亭里		〃
〃	〃	新興里		〃
〃	〃	軍粮里		〃
〃	〃	鶴巢里		〃
〃	〃	鳳江里		〃
〃	〃	草鳳里		〃
〃	〃	善根里		〃
〃	〃	龍城里		〃
〃	〃	黑岩里		〃
〃	〃	朱岩里		〃
〃	〃	發陽里		〃
〃	〃	斗阿里		〃
〃	〃	永保里		〃
〃	〃	中垈里		〃
〃	〃	栢谷里		〃

面名	種 別	地 名	諺 文	備 攷
〃	〃	掛津里		〃
〃	〃	梧谷里		〃
〃	〃	槐南里		〃
〃	〃	會仙洞		〃
〃	〃	五龍洞		〃
〃	〃	朝會洞		〃
〃	〃	梅洞		〃
〃	〃	龍帍洞		〃
〃	〃	檢詳洞		〃
〃	〃	萬樹洞		〃
〃	〃	伏龍洞		〃
辰頭面	里洞村名	茅田里		辰頭面
〃	〃	中峰里		〃
〃	〃	上峰里		〃
〃	〃	新峰里		〃
〃	〃	月岩里		〃
〃	〃	上文岩里		〃
〃	〃	下文岩里		〃
〃	〃	柳坪里		〃
〃	〃	文岩里		〃
〃	〃	香芝里		〃
〃	〃	中竹谷里		〃
〃	〃	古谷里		〃
〃	〃	盘松里		〃

面名	種 別	地 名	諺 文	備 攷
〃	〃	舞鳳里		〃
〃	〃	龍化垈里		〃
〃	〃	雙溪里		〃
〃	〃	莘谷里		〃
〃	〃	新垈里		〃
〃	〃	石洑里		〃
〃	〃	上化里		〃
〃	〃	下化里		〃
〃	〃	下城里		〃
〃	〃	上城里		〃
〃	〃	梧亭里		〃
〃	〃	冶谷里		〃
〃	〃	書堂里		〃
〃	〃	亭子里		〃
〃	〃	孝里		〃
〃	〃	竹坪里		〃
〃	〃	花山里		〃
〃	〃	店村		〃
〃	〃	奄亭里		〃
〃	〃	上東川里		〃
〃	〃	平田里		〃
〃	〃	下新基里		〃
〃	〃	上新基里		〃
〃	〃	上坪里		〃

面名	種別	地名	諺文	備攷
〃	〃	龍山里		〃
〃	〃	下坪里		〃
〃	〃	公坪里		〃
〃	〃	松坪里		〃
〃	〃	甑山里		〃
〃	〃	中化里		〃
〃	〃	柳亭里		〃
〃	〃	陽岩里		〃
〃	〃	永清里		〃
〃	〃	仙人洞		〃
〃	〃	伏龍洞		〃
〃	〃	鳳栖洞		〃
〃	〃	王洞		〃
〃	〃	仙遊洞		〃
〃	〃	鳳鳴洞		〃
半灘面	里洞村名	九蘭里		半灘面
〃	〃	九岩里		〃
〃	〃	利仁里		〃
〃	〃	三山里		〃
〃	〃	雲岩里		〃
〃	〃	新垈里		〃
〃	〃	上里		〃
〃	〃	江山里		〃
〃	〃	新坪里		〃

面名	種　別	地　名	諺　文	備　攷
〃	〃	梨谷里		〃
〃	〃	中山里		〃
〃	〃	屈德里		〃
〃	〃	見東里		〃
〃	〃	見山里		〃
〃	〃	炭底里		〃
〃	〃	城頭里		〃
〃	〃	松西里		〃
〃	〃	松谷里		〃
〃	〃	三岐里		〃
〃	〃	三角里		〃
〃	〃	彦崎里		〃
〃	〃	宣德里		〃
〃	〃	尹山里		〃
〃	〃	聖里		〃
〃	〃	山儀谷里		〃
〃	〃	元山里		〃
〃	〃	柳下里		〃
〃	〃	蒼岩里		〃
〃	〃	汾江里		〃
〃	〃	鼎峙里		〃
〃	〃	鳴龍里		〃
〃	〃	旺津里		〃
〃	〃	正谷里		〃

面名	種 別	地 名	諺 文	備 攷
〃	〃	鳴幕里		〃
〃	〃	板橋里		〃
〃	〃	菊洞		〃
〃	〃	大鶴洞		〃
〃	〃	鶴林洞		〃
〃	〃	鶴洞		〃
〃	〃	土沃		〃
〃	〃	柿木洞		〃
曲火川面	里洞村名	龍興里		曲火川面
〃	〃	龍谷里		〃
〃	〃	新里		〃
〃	〃	新鶴里		〃
〃	〃	山垈里		〃
〃	〃	長善里		〃
〃	〃	九應里		〃
〃	〃	泥峴里		〃
〃	〃	鳳翼里		〃
〃	〃	孝竹里		〃
〃	〃	龍淵里		〃
〃	〃	盘龍里		〃
〃	〃	盘松里		〃
〃	〃	下盘龍里		〃
〃	〃	店村里		〃
〃	〃	中木里		〃

面名	種 別	地 名	諺 文	備 攷
〃	〃	龍井里		〃
〃	〃	坪村		〃
〃	〃	月山里		〃
〃	〃	新基里		〃
〃	〃	新梅里		〃
〃	〃	月峰里		〃
〃	〃	光明里		〃
〃	〃	望德里		〃
〃	〃	元峰里		〃
〃	〃	杏亭里		〃
〃	〃	山所里		〃
〃	〃	松谷里		〃
〃	〃	德芝山里		〃
〃	〃	方丑里		〃
〃	〃	中孝里		〃
〃	〃	下孝里		〃
〃	〃	上安永		〃
〃	〃	中山里		〃
〃	〃	沙陽里		〃
〃	〃	尹山里		〃
〃	〃	南谷里		〃
〃	〃	安永里		〃
〃	〃	南山里		〃
〃	〃	乾坪里		〃

面名	種 別	地 名	諺 文	備 攷
〃	〃	沙場里		〃
〃	〃	塔洞		〃
〃	〃	石井里		〃
〃	〃	內加尺里		〃
〃	〃	外加尺里		〃
〃	〃	雙溪里		〃
〃	〃	新永里		〃
〃	〃	月陽里		〃
〃	〃	松亭里		〃
〃	〃	花谷里		〃
〃	〃	花山里		〃
〃	〃	臥龍洞		〃
〃	〃	竹林洞		〃
〃	〃	鶴洞		〃
〃	〃	萬梅洞		〃
〃	〃	鴻城洞		〃
〃	〃	靑林洞		〃
〃	〃	新鶴洞		〃
城頭面	里洞村名	尹山里		城頭面
〃	〃	上城里		〃
〃	〃	龍山里		〃
〃	〃	浦水王里		〃
〃	〃	木浦里		〃
〃	〃	晩城里		〃

面名	種 別	地 名	諺 文	備 攷
〃	〃	山直里		〃
〃	〃	大門里		〃
〃	〃	勒里		〃
〃	〃	梅堂里		〃
〃	〃	新垈里		〃
〃	〃	院垈里		〃
〃	〃	內倉里		〃
〃	〃	墨方里		〃
〃	〃	寶積里		〃
〃	〃	新永里		〃
〃	〃	笠岩里		〃
〃	〃	鳳村里		〃
〃	〃	龍伸里		〃
〃	〃	德岩里		〃
〃	〃	中新里		〃
〃	〃	新興里		〃
〃	〃	講堂里		〃
〃	〃	上魚里		〃
〃	〃	下魚里		〃
〃	〃	梧洞		〃
〃	〃	長柯里		〃
〃	〃	盘谷里		〃
〃	〃	乾川里		〃
〃	〃	獨安里		〃

面名	種　別	地　名	諺　文	備　攷
〃	〃	山峴里		〃
〃	〃	水峴里		〃
〃	〃	作岩里		〃
〃	〃	公須院		〃
〃	〃	作洞		〃
〃	〃	內洞		〃
〃	〃	細洞		〃
〃	〃	梨洞		〃
〃	〃	竹林洞		〃
〃	〃	坪洞		〃
〃	〃	高陽洞		〃
〃	〃	四龍洞		〃
〃	〃	鳳鳴洞		〃
牛井面	里洞村名	新垈里		牛井面
〃	〃	蟹浦里		〃
〃	〃	鞍峙里		〃
〃	〃	上尾里		〃
〃	〃	宋山里		〃
〃	〃	尾山里		〃
〃	〃	岩回里		〃
〃	〃	坪目里		〃
〃	〃	藥山里		〃
〃	〃	方丑里		〃
〃	〃	芝谷里		〃

面名	種　別	地　名	諺　文	備　攷
〃	〃	甘泉里		〃
〃	〃	沈山里		〃
〃	〃	貴岩里		〃
〃	〃	藥川里		〃
〃	〃	道山里		〃
〃	〃	中尹里		〃
〃	〃	黔岩里		〃
〃	〃	牛泉里		〃
〃	〃	京雲山里		〃
〃	〃	上村		〃
〃	〃	月谷里		〃
〃	〃	新基里		〃
〃	〃	別雲山里		〃
〃	〃	徐山里		〃
〃	〃	上垈里		〃
〃	〃	下毛院		〃
〃	〃	南化里		〃
〃	〃	梧亭里		〃
〃	〃	盘谷里		〃
〃	〃	坪村		〃
〃	〃	東助里		〃
〃	〃	上助里		〃
〃	〃	新谷里		〃
〃	〃	東里		〃

面名	種別	地名	諺文	備攷
〃	〃	中垈里		〃
〃	〃	場垈里		〃
〃	〃	九化里		〃
〃	〃	永川里		〃
〃	〃	韓山里		〃
〃	〃	丹坪里		〃
〃	〃	哲目里		〃
〃	〃	中村		〃
〃	〃	月屈里		〃
〃	〃	吳山里		〃
〃	〃	上堂里		〃
〃	〃	下堂里		〃
〃	〃	盧山里		〃
〃	〃	西豊里		〃
〃	〃	西酒里		〃
〃	〃	龍江里		〃
〃	〃	銅川里		〃
〃	〃	南溪里		〃
〃	〃	栗里		〃
〃	〃	富谷里		〃
〃	〃	竹溪里		〃
〃	〃	上文洞		〃
〃	〃	下文洞		〃
〃	〃	仙舞洞		〃

面名	種別	地名	諺文	備攷
〃	〃	月明洞		〃
〃	〃	月隱洞		〃
〃	〃	五柳洞		〃
〃	〃	木洞		〃
〃	〃	梨木洞		〃
〃	〃	聖助洞		〃
〃	〃	文洞		〃
〃	〃	上柳洞		〃
〃	〃	咸積洞		〃
〃	〃	外洞		〃
〃	〃	粉洞		〃
〃	〃	京士洞		〃
〃	〃	內洞		〃
盆口谷面	里洞村名	下旺里		盆口谷面
〃	〃	冷井里		〃
〃	〃	加馬里		〃
〃	〃	上旺里		〃
〃	〃	花隱里		〃
〃	〃	牛卧里		〃
〃	〃	小鳳谷里		〃
〃	〃	二巨里		〃
〃	〃	新乃里		〃
〃	〃	下淸里		〃
〃	〃	興龍里		〃

面名	種 別	地 名	諺 文	備 考
〃	〃	盘松里		〃
〃	〃	龍山里		〃
〃	〃	松亭里		〃
〃	〃	上乃里		〃
〃	〃	九旺里		〃
〃	〃	上淸里		〃
〃	〃	平田里		〃
〃	〃	方丑里		〃
〃	〃	萬壑里		〃
〃	〃	花岩里		〃
〃	〃	自化里		〃
〃	〃	龍岩里		〃
〃	〃	柳山里		〃
〃	〃	中狀里		〃
〃	〃	莘岩里		〃
〃	〃	上狀里		〃
〃	〃	洞口里		〃
〃	〃	午山里		〃
〃	〃	午隱里		〃
〃	〃	牧岩里		〃
〃	〃	下大里		〃
〃	〃	新大里		〃
〃	〃	石溪里		〃
〃	〃	新九岩里		〃

面名	種別	地名	諺文	備攷
〃	〃	玄岩里		〃
〃	〃	三省里		〃
〃	〃	敬天里		〃
〃	〃	石井里		〃
〃	〃	新基里		〃
〃	〃	陵小里		〃
〃	〃	松峴里		〃
〃	〃	旧場垈里		〃
〃	〃	城本里		〃
〃	〃	龍頭里		〃
〃	〃	加尺里		〃
〃	〃	陽化里		〃
〃	〃	鳳德里		〃
〃	〃	王洞里		〃
〃	〃	石村里		〃
〃	〃	洑巨里		〃
〃	〃	舟山里		〃
〃	〃	盘龍里		〃
〃	〃	居士院		〃
〃	〃	香浦里		〃
〃	〃	箕山里		〃
〃	〃	月岩里		〃
〃	〃	鳳谷里		〃
〃	〃	後洞		〃

面名	種 別	地 名	諺 文	備 攷
〃	〃	余士洞		〃
〃	〃	黃龍洞		〃
〃	〃	柴花洞		〃
〃	〃	巢龍洞		〃
〃	〃	道德洞		〃
〃	〃	陽洞		〃
〃	〃	高飛洞		〃
〃	〃	直洞		〃
〃	〃	碧沙洞		〃
〃	〃	碧鳥洞		〃
〃	〃	大鳥洞		〃
〃	〃	院洞		〃
〃	〃	明洞		〃
長尺面	里洞村名	墨亭里		長尺面
〃	〃	長峴里		〃
〃	〃	真木亭		〃
〃	〃	中山里		〃
〃	〃	東古介里		〃
〃	〃	外岩里		〃
〃	〃	盘床里		〃
〃	〃	蒼岩里		〃
〃	〃	白雲里		〃
〃	〃	別堂里		〃
〃	〃	沙川里		〃

面名	種 別	地 名	諺 文	備 攷
〃	〃	四德里		〃
〃	〃	松沈里		〃
〃	〃	鳳山里		〃
〃	〃	杏里		〃
〃	〃	新月峴		〃
〃	〃	旧月峴		〃
〃	〃	安基里		〃
〃	〃	姜山里		〃
〃	〃	上豊里		〃
〃	〃	下豊里		〃
〃	〃	三巨里		〃
〃	〃	下山里		〃
〃	〃	朱雲里		〃
〃	〃	大橋里		〃
〃	〃	松鶴里		〃
〃	〃	杏亭里		〃
〃	〃	院村		〃
〃	〃	牛山里		〃
〃	〃	松溪里		〃
〃	〃	新村		〃
〃	〃	長城峙		〃
〃	〃	回富里		〃
〃	〃	勒洞		〃
〃	〃	魚隱里		〃

面名	種 別	地 名	諺 文	備 攷
〃	〃	細洞		〃
〃	〃	老隱里		〃
〃	〃	牛津里		〃
〃	〃	靜洞		〃
〃	〃	竹洞		〃
〃	〃	滿子洞		〃
〃	〃	臥龍洞		〃
〃	〃	大洞		〃
〃	〃	新鶴洞		〃
〃	〃	巢龍洞		〃
〃	〃	孝悌洞		〃
〃	〃	遠湖洞		〃
〃	〃	時食洞		〃
〃	〃	鶴林洞		〃
東部面	里洞村名	官峴		東部面
〃	〃	山城里		〃
〃	〃	甫道里		〃
〃	〃	将基坮		〃
〃	〃	納橋里		〃
〃	〃	向孝浦		〃
〃	〃	月城里		〃
〃	〃	堂山里		〃
〃	〃	孝酒里		〃
〃	〃	月岩里		〃

面名	種 別	地 名	諺 文	備 攷
〃	〃	沙葛峙		〃
〃	〃	明山里		〃
〃	〃	中野里		〃
〃	〃	坪里		〃
〃	〃	新基里		〃
〃	〃	要德里		〃
〃	〃	梅山里		〃
〃	〃	才宮里		〃
〃	〃	錦酒幕里		〃
〃	〃	下酒幕里		〃
〃	〃	中山里		〃
〃	〃	長興里		〃
〃	〃	麻介里		〃
〃	〃	藥川里		〃
〃	〃	上松里		〃
〃	〃	四松里		〃
〃	〃	上里		〃
〃	〃	上新里		〃
〃	〃	下新里		〃
〃	〃	松谷里		〃
〃	〃	草旺里		〃
〃	〃	水云里		〃
〃	〃	佳興里		〃
〃	〃	石壯里		〃

面名	種別	地名	諺文	備攷
〃	〃	新山里		〃
〃	〃	書堂里		〃
〃	〃	柿木洞		〃
〃	〃	官洞		〃
〃	〃	閑寂洞		〃
〃	〃	鳳舞洞		〃
〃	〃	月新洞		〃
〃	〃	五公洞		〃
〃	〃	要洞		〃
〃	〃	仙遊洞		〃
〃	〃	江景洞		〃
〃	〃	王龍洞		〃
〃	〃	水原洞		〃
〃	〃	基洞		〃
〃	〃	巢鶴洞		〃
〃	〃	尾也洞		〃
〃	〃	大梧洞		〃
〃	〃	幕酒洞		〃
〃	〃	錦洞		〃
〃	〃	自隱洞		〃
〃	〃	下武洞		〃
〃	〃	上武洞		〃
〃	〃	黑水洞		〃
〃	〃	五龍洞		〃

面名	種 別	地 名	諺 文	備 攷
〃	〃	平洞		〃
南部面	里洞村名	古上衙		南部面
〃	〃	班竹里		〃
〃	〃	上鳳村		〃
〃	〃	下鳳村		〃
〃	〃	許門里		〃
〃	〃	校村		〃
〃	〃	皮村		〃
〃	〃	勿汗里		〃
〃	〃	正子方里		〃
〃	〃	宋山里		〃
〃	〃	徐山里		〃
〃	〃	牛禁里		〃
〃	〃	朴山里		〃
〃	〃	韓山里		〃
〃	〃	小亭里		〃
〃	〃	龍堂里		〃
〃	〃	熊津里		〃
〃	〃	新村		〃
〃	〃	新永里		〃
〃	〃	加加津里		〃
〃	〃	島嶺里		〃
〃	〃	舛方里		〃
〃	〃	鳳亭里		〃

面名	種　別	地　名	諺　文	備　攷
〃	〃	上村		〃
〃	〃	方丑里		〃
〃	〃	舟尾里		〃
〃	〃	東垈里		〃
〃	〃	上尾洞		〃
〃	〃	下尾洞		〃
〃	〃	鶴洞		〃
〃	〃	碧烏洞		〃
〃	〃	外岩洞		〃
〃	〃	苧大洞		〃
〃	〃	伴仙洞		
〃	〃	魚隱洞		
	土産名	水鐵 銅鐵		
	〃	海松子 訥魚		
	〃	蟹		

2. 연기(燕崎)

面名	種 別	地 名	諺 文	備 攷
郡內面	洞里村名	岩川里		
〃	〃	校村		
〃	〃	雉岩里		
〃	〃	釜洞		
〃	〃	月里		
〃	〃	新村		
〃	〃	西部里		
〃	〃	中部里		
〃	〃	北部里		
〃	〃	洑通里		
〃	山谷名	城山	셩산	郡內面 北部里
〃	〃	龍帥山		〃 岩川里
〃	渡津名	東津		〃 洑通里
〃	野坪名	洑通坪	보통이들	〃 〃
〃	江川溪澗名	東津江	동진강	〃 〃
〃	嶺峙峴名	金沙峴	김시고기	〃 中部前
〃	市場名	邑內市	읍닉장	〃 西部
東一面	洞里村名	竜淵里		
〃	〃	竜湖里		
〃	〃	竜溪里		
〃	〃	泥峴里		
〃	〃	合江里		
〃	〃	沼池洞		

面名	種 別	地 名	諺 文	備 攷
〃	〃	生芝洞		
〃	〃	竜塘里		
〃	〃	內台里		
〃	〃	鳴鶴里		
〃	〃	釜洞		
〃	〃	性洞		
〃	〃	高亭里		
〃	〃	鷹岩里		
〃	〃	葛山里		
〃	〃	葛湖里		
〃	〃	鳳舞洞		
〃	〃	新村		
〃	野坪名	狐岩坪	여슈이들	東一面 龍山里
〃	江川溪澗名	寒川	한니	〃 新村前
〃	酒幕名	寒川店	ᄒᆞᆫ니쥬막	〃 新村里
〃	嶺峙峴名	德峴	덕고기	〃 龍山里
〃	山谷名	龍塘		〃 生芝里
東二面	洞里村名	上松里		
〃	〃	文舟里		
〃	〃	內板里		
〃	〃	外板里		
〃	〃	上板里		
〃	〃	老谷里		
〃	〃	養仁里		

面名	種 別	地 名	諺 文	備 攷
〃	〃	仁洞		
〃	〃	新垈里		
〃	〃	老山里		
〃	〃	松里		
〃	〃	雄洞		
〃	〃	松潭里		
〃	〃	松山里		
〃	〃	竜谷里		
〃	〃	外松里		
〃	野坪名	東津坪	동진들	東二面 文舟里
〃	酒幕名	三岐店	삼거리쥬막	〃 三岐里
〃	堤堰洑名	板橋堤堰		〃 內板里 數百年前ニ灌漑農作ノ目的ヲ以テ始設ナルか中間ニ開墾作畓シ現今テハ國有地トナリ
〃	〃	池串池堤堰		由来不明現今ナシ
南面	洞里村名	月竜里		
〃	〃	鶴川里		
〃	〃	元岩里		
〃	〃	伏竜里		
〃	〃	濟川里		
〃	〃	中里		
〃	〃	根谷里		
〃	〃	所也里		
〃	〃	金沙里		

面名	種別	地名	諺文	備攷
〃	〃	花峴里		
〃	〃	上村		
〃	〃	方日里		
〃	〃	松王里		
〃	〃	德洞		
〃	〃	新岱里		
〃	〃	高亭里		
〃	〃	月城里		
〃	〃	水望里		
〃	〃	葛雲里		
〃	〃	五山里		
〃	〃	訥旺里		
〃	〃	元谷里		
〃	〃	水山里		
〃	〃	倉村里		
〃	〃	下訥里		
〃	〃	大洞		
〃	〃	道岑里		
〃	〃	旺德里		
〃	〃	月峴里		
〃	〃	國士洞		
〃	〃	旺岩里		
〃	〃	內三里		
〃	〃	靑竜里		

面名	種 別	地 名	諺 文	備 攷
〃	〃	台川里		
〃	〃	坪村里		
〃	〃	旋門里		
〃	〃	陽化里		
〃	〃	紫芝洞		
〃	酒幕名	水望店	슈망지쥬막	南面 水望里
〃	〃	鶯聽店	앵쳥이쥬막	〃 內三里
〃	嶺峙峴名	水望峴	슈망지고기	〃 水望里
〃	〃	止境峙	지경치	〃 月城里
〃	山谷名	元帥山		〃 元谷里
〃	〃	轉月山		〃 內三里
〃	堤堰洑名	金沙堤堰		〃 葛雲里 數百年前ニ潅漑農作ノ目的ヲ以テ始設ナルガ中間ニ開墾作畓シ現今テハ國有地トナリ
〃	驛名	金沙驛		南面 金沙里
西面	洞里村名	起龍里		
〃	〃	厚德里		
〃	〃	五竜洞		
〃	〃	竜洞		
〃	〃	杏花里		
〃	〃	新垈里		
〃	〃	孝橋里		
〃	〃	隱洞		

面名	種 別	地 名	諺 文	備 攷
〃	〃	東山里		
〃	〃	自竜里		
〃	〃	新林里		
〃	〃	竜岩里		
〃	〃	松峴里		
〃	〃	雙流里		
〃	〃	杏亭里		
〃	〃	靑蘿里		
〃	〃	望北里		
〃	〃	月亭里		
〃	〃	生川里		
〃	〃	松西里		
〃	〃	友德里		
〃	〃	禾洞		
〃	〃	隱岩洞		
〃	〃	瓦村		
〃	〃	孝防洞		
〃	〃	磻岩里		
〃	〃	西溪里		
〃	〃	山德里		
〃	〃	菊村里		
〃	〃	鳳岡里		
〃	〃	中岩里		
〃	酒幕名	松峴店	솔틔쥬막	西面 松峴里

面名	種　別	地　名	諺　文	備　攷
〃	嶺峙峴名	松峴	솔틔고기	〃 松峴
〃	山谷名	松峴窟		〃 松峴里
〃	堤堰洑名	大也谷堤堰		〃 西渓 數百年前ニ潅漑農作ノ目的ヲ以テ始設ナルガ中間ニ開墾作畓シ現今テハ國有地トナリ
〃	寺刹名	聖堂庵		西面 松峴 現今ナシ
北一面	洞里村名	磻巖里		
〃	〃	竹內里		
〃	〃	百官里		
〃	〃	新垈里		
〃	〃	砧山里		
〃	〃	內倉里		
〃	〃	瑞谷里		
〃	〃	東里		
〃	〃	薪洞		
〃	〃	平里		
〃	〃	王洞		
〃	〃	樂隱		
〃	〃	苧村		
〃	堤堰洑名	砧山堤堰		北一面 砧山里 數百年前ニ潅漑農作ノ目的ヲ以テ始設ナルガ中間ニ開墾作畓シ現今テハ國有地トナリ
〃	〃	苧峙堤堰		仝　仝

面名	種　別	地　名	諺　文	備　攷
〃	古蹟名所名	土興部曲		北一面 王洞 来歴ハ不明
〃	〃	燕川所		由来不明 現今ナシ
〃	市場名	砧山市	침산장	北一面 砧山里
北二面	洞里村名	獨洞		
〃	〃	月溪里		
〃	〃	鳳岩里		
〃	〃	月下里		
〃	〃	錢塘里		
〃	〃	道山里		
〃	〃	元峯里		
〃	〃	富谷里		
〃	〃	典洞		
〃	〃	窠城里		
〃	〃	槐洞		
〃	〃	槐村		
〃	〃	上福洞		
〃	〃	下福洞		
〃	〃	東高里		
〃	〃	西高里		
〃	〃	雙槐里		
〃	〃	新香里		
〃	〃	鳳村		
〃	〃	大朴里		

面名	種　別	地　名	諺　文	備　攷
〃	山谷名	鳳凰山		北二面 鳳岩里
〃	〃	大朴山		〃 大朴里
〃	堤堰洑名	大朴山堤堰		〃 〃 數百年前ニ潅漑農作ノ目的シ以テ始設ナルガ中間ニ開墾作畓シ現今テハ國有地トナリ
〃	〃	機池洞堤堰		〃 富谷里 〃 〃
〃	〃	黑巖堤堰		由来不明現今ナシ
〃	院名	鳳巖書院		北二面 鳳岩里 現今ナシ
〃	池名	–		
〃	関防名	–		
〃	古碑名	–		
〃	野坪名	舊書院坪	구셔원들	〃 月渓里
〃	站名	–		
〃	城堡名	–		
〃	浦口名	–		
〃	土産名	木花		

3. 회덕(懷德)

面名	種別	地名	諺文	備攷
	面名	周岸面		十六洞
	〃	東面		二十七洞
	〃	外南面		四十洞
	〃	內南面		十七洞
	〃	西面		十二洞
	〃	縣內面		六洞
	〃	北面		二十六洞
	〃	一道面		三十一洞
	〃	山內面		五十二洞
	〃	柳等川面		四十五同
	〃	川內面		三十三洞
	〃	炭洞面		四十二洞
	〃	九則面		三十三洞
周岸面	川名	塔山江	탑산강	本面 內塔里錦江上流
〃	市場名	塔山市	탑산장	本面 外塔里
〃	酒幕名	靑龍店	청룡긋쥬막	本面 沙城
〃	重要土産名	白米, 大豆, 小豆		
〃	洞里名	內塔里	탑산이	
〃	〃	外塔里	탑산이	
〃	〃	上倉里	창말	
〃	〃	下倉里	하창	
〃	〃	梧洞	안골	
〃	〃	舟村	비말	

面名	種 別	地 名	諺 文	備 攷
〃	〃	梧洞嶺里	머고기	
〃	〃	內洞	우묵기	
〃	〃	漁夫洞	어부동	
〃	〃	新村	방축골	
〃	〃	老積里	노적봉	
〃	〃	司倉里	사창이	
〃	〃	蕪亭	토물	
〃	〃	沙城里	모릐지	
〃	〃	瓦亭里	진벌	
〃	〃	瓮岩里	독바위	
東面	重要土産名	白米, 大豆, 小豆, 白木, 棉花		
〃	洞里名	三丁上里	삼졍이	
〃	〃	三丁中里	〃	
〃	〃	三丁下里	〃	
〃	〃	新寺洞	시졀골	
〃	〃	九丁里	구졍벼류	
〃	〃	細谷里	가는골	
〃	〃	細川里	잔기울	
〃	〃	牙甘里	아감이	
〃	〃	鳳溪里	봉계	
〃	〃	妙洞	묘골	
〃	〃	新坪里	시말	
〃	〃	新上里	흥진이	

面名	種　別	地　名	諺　文	備　攷
〃	〃	新下里	ᄉᆞ루리	
〃	〃	小丁里	쇼졍이	
〃	〃	場垈里	장터	
〃	〃	新村	졀골	
〃	〃	寬洞	관동	
〃	〃	秋洞上里	가릐울	
〃	〃	秋洞中里	가릐울	
〃	〃	秋洞下里	가릐울	
〃	〃	城山里	셩뫼	
〃	〃	楊川里	양쳔이	
〃	〃	注山里	쥴뫼	
〃	〃	古尭里	고용골	
〃	〃	德峙里	덕틔	
〃	〃	㐦洞	쥴골	
〃	〃	飛龍洞	비름들	
外南面	山名	食藏山	식장산	本面　大成洞後郡南二十三里自大屯山東幹来
〃	寺刹名	高山寺	고산절	本面 食藏山
〃	堤堰名	蘇堤堤堰	쇼제방죽	〃 蘓堤里 古稱黃等橋堤
〃	〃	龍田堤堰	룡뎐방죽	〃 龍田里或稱龍泉堤
〃	〃	細橋堤堰	잔다리방죽	〃 細橋里
〃	酒幕名	德山酒幕	씻ㅡ쥬막	〃 德山里
〃	重要土産名	白米, 白木, 棉花		

面名	種 別	地 名	諺 文	備 攷
〃	村里名	興農里	흥롱	
〃	〃	院村	원촌	
〃	〃	德山里	덕산	
〃	〃	仙朗里	셜낭	
〃	〃	草洞	쵸동	
〃	〃	毛五里	모오리	
〃	〃	龍坊里	용방이	
〃	〃	楮田里	함지방이	
〃	〃	五里	오리	
〃	〃	道士里	도ᄉᆞ리	
〃	〃	大成洞	ᄃᆡ셩동	
〃	〃	朗月里	낭월	
〃	〃	應田里	구두머니	
〃	〃	大別里	ᄃᆡ별	
〃	〃	瓦旨里	와지	
〃	〃	加午里	ᄉᆡ터말	
〃	〃	外泉里	ᄉᆡ암골	
〃	〃	井浦里	ᄉᆡ암기	
〃	〃	內泉里	ᄂᆡ쳔	
〃	〃	新垈里	ᄉᆡ터말	
〃	〃	山所里	산쇼	
〃	〃	大東里	ᄃᆡ동	
〃	〃	卓昆里	탁곤이	
〃	〃	蘇堤里	쇼졔	

面名	種 別	地 名	諺 文	備 攷
〃	〃	佳陽里	가양이	
〃	〃	梅峯里	미봉	
〃	〃	東江里	동강	
〃	〃	性洞里	승동	
〃	〃	東山里	동살미	
〃	〃	武陵里	무릉	
〃	〃	近長里	거문바위	
〃	〃	率朗里	솔낭이	
〃	〃	下新里	식말	
〃	〃	水砧里	슈침리	
〃	〃	弘道里	홍도	
〃	〃	細橋里	잔다리	
〃	〃	龍田里	용뎐이	
〃	〃	連孝里	셕남	
〃	〃	上新里	상신	
〃	〃	新安里	신안	
內南面	山名	鷄足山	계죡산	本面　後谷里郡東三里自琉山大屯山来爲郡主脉世傳天旱山鳴則雨
〃	嶺峙峴名	迭峙	질틔지	本面 大陽里
〃	〃	童子菴峙	동담틔	〃 後谷里
〃	舊積名	浥灝亭	읍호뎡	〃　大禾里建等主宋淸坐窩甭昌
〃	寺刹名	鳳隱庵	봉은암	本面 後谷里
〃	〃	飛来庵	비릭암	〃 宋村

面名	種 別	地 名	諺 文	備 攷
〃	洑名	水淸洑	슈쳥보	〃 九萬里
〃	酒幕名	前川店	압닉쥬막	
〃	〃	梧井店	오물쥬막	
〃	重要土産名	白米, 棉花, 柿		
〃	村里名	法洞	법동	
〃	〃	宋村	송촌	
〃	〃	大陽里	딕양이	
〃	〃	新設里	신셜리	
〃	〃	鳳村	싀뜸	
〃	〃	九萬里	구만이	
〃	〃	上梧里	한촌	
〃	〃	下梧里	오물	
〃	〃	新村	신촌	
〃	〃	邑內里	읍닉	
〃	〃	飛来里	비릭리	
〃	〃	後谷里	뒤골	
〃	〃	大禾里	황슈	
〃	〃	栗寺洞	밤졀골	
〃	〃	孝子洞	쇼즈골	
〃	〃	櫓村	노촌	
〃	〃	中里	중리	
〃	〃	峯村	봉촌	
〃	〃	內洞	닉동	
〃	〃	宋村	송촌	

面名	種 別	地 名	諺 文	備 攷
西面	川名	甲川	갑쳔	本面 甲川里錦江上流
〃	驛名	田民驛	뎐민역	本面 田民里
〃	市場名	院村市	시장	〃 院村
〃	箏洑及堤堰名	衣食洞洑	의식동보	〃 衣食洞上坪
〃	〃	許與亭洑	혀여뎡보	〃 甲川里蔘沼坪
〃	〃	中洑	즁보	〃 三川里坪
〃	〃	田民堤堰	뎡민이방죽	〃 田民里
〃	酒幕名	三川酒幕	삼쳔이쥬막	〃 三川里
〃	重要土産名	白米, 白木, 棉花		
〃	村里名	青柳里	역별	
〃	〃	山所里	산쇼골	
〃	〃	田民里	뎡민이	
〃	〃	井頭里	싀암머리	
〃	〃	甲川里	모졍	
〃	〃	三川里	삼쳔이	
〃	〃	文吉里	믯마루	
〃	〃	院村	셔원말	
〃	〃	上新里	션창말	
〃	〃	新村	짓들	
〃	〃	九萬里	구만이	
〃	〃	方丑里	방죽골	
縣內面	酒幕名	榛峴酒幕	김지쥬막	本面 新垈理
〃	築洑名	塔立洑	탑셥골보	〃

面名	種 別	地 名	諺 文	備 攷
〃	重要土産名	白米, 柿, 棉花		
〃	村里名	蓮丑洞	연츅골	
〃	〃	新垈理	깁지	
〃	〃	木洞	나-멀	
〃	〃	瓦洞	왜-골	
〃	〃	坪村	들말	
〃	〃	塔立理	탑션골	
北面	渡津名	新灘津	싀일나루	本面 新灘
〃	市場名	新灘市	싀일댱	〃
〃	名所名	新灘停車場	싀일뎡거댱	〃
〃	筝洑及堤堰名	乙灘洑	싀일보	〃 桂上坪
〃	〃	德岩堤堰	메썩바위방죽	〃 德云里或稱加岩堤
〃	重要土産名	白米, 菁根		
〃	村里名	上書堂里	상셔당	
〃	〃	坪村	들말	
〃	〃	下書堂里	하셔당	
〃	〃	紫雲里	잔골	
〃	〃	松岩里	싸리고기	
〃	〃	方登里	방두마루	
〃	〃	學沼里	학소리	
〃	〃	新村	싀터	
〃	〃	達松里	방등이	
〃	〃	內洞	안골	
〃	〃	泥洞	진구레	

面名	種　別	地　名	諺　文	備　考
〃	〃	德雲里	덕년부	
〃	〃	德岩里	한졀구지	
〃	〃	竹林里	딕숲말	
〃	〃	桂沼里	계쇼	
〃	〃	桂上里	계상리	
〃	〃	文坪里	들말	
〃	〃	石峯里	망골	
〃	〃	佳作里	가잘골	
〃	〃	新垈里	을목이	
〃	〃	木上里	나미위ᄆᆞᆯ	
〃	〃	木中里	나미숭ᄆᆞᆯ	
〃	〃	木下里	나미하ᄆᆞᆯ	
〃	〃	立岩里	덤바위	
〃	〃	桂下里	계ᄒᆞ리	
〃	〃	新興里	싀일	
一道面	渡津名	芝茗江	지명이나루	本面 芝茗里 或稱荊江古稱利達津
〃	市場名	芝茗市	지명장	本面 芝茗里
〃	院名	荊止院	형지원	〃 荊止院 今無
〃	舊蹟名	渼湖亭	미호뎡	本面 渼湖里 建築主宋驀月堂奎濂
〃	酒幕名	三山酒幕	삼산쥬막	本面 三山里
〃	重要土産名	白米, 大豆, 小豆, 棉花, 白木		
〃	村里名	孝坪里	효들	

面名	種 別	地 名	諺 文	備 攷
〃	〃	梨峴里	비오기	
〃	〃	堂山里	당산미	
〃	〃	葛田上里	갈밧	
〃	〃	葛田下里	갈밧	
〃	〃	笠店里	갓졈	
〃	〃	馬山上里	말미	
〃	〃	深谷里	심곡	
〃	〃	馬山下里	말미	
〃	〃	三山里	삼산	
〃	〃	達甘里	달감이	
〃	〃	夫水里	부슈골	
〃	〃	冷泉里	참산낙이	
〃	〃	荊止院里	형지원	
〃	〃	城洞	피골	
〃	〃	黃湖里	황호	
〃	〃	稷洞	피골	
〃	〃	芝茗里	지명이	
〃	〃	銅峴里	구리고기	
〃	〃	長洞下里	긴골	
〃	〃	三政下里	삼졍이	
〃	〃	上山里	산듸	
〃	〃	三政中里	삼졍이	
〃	〃	三政上里	삼졍이	
〃	〃	山村	지실말	

面名	種　別	地　名	諺　文	備　攷
〃	〃	龍湖里	용호	
〃	〃	渼湖里	미호	
〃	〃	下山里	하산듸	
〃	〃	長洞上里	긴골	
〃	〃	長洞中里	긴골	
〃	〃	書堂里	셔당골	
〃	〃	近長里	건장리	
山內面	山名	寶文山	보문산	本面 芙士里後
〃	寺刹名	妙覺菴	즁암졀	〃 天庇山
〃	市場名	大田市	한밧댱	〃 大田
〃	名所名	大田停車場	한밧졍거댱	〃 〃
〃	酒幕名	卯岩酒幕	알바위쥬막	〃 別化里
〃	筆洑及堤堰名	仙昌洑	션창보	〃 中村前坪
〃	〃	米骨洑	미골보	〃 卯岩上坪
〃	〃	近長洑	건장이보	〃 近長坪
〃	〃	砧山洑	시들보	〃 砧山前坪
〃	〃	垈山堤堰	테메방죽	〃 垈山前坪
〃	重要土産名	白米, 南草, 大豆 小豆, 棉花, 白木		
〃	村里名	於南里	느남이	
〃	〃	二沙里	사란리	
〃	〃	道理山里	도리뫼	
〃	〃	王溪里	지야마루	
〃	〃	下所田里	하쇼뎐	

面名	種 別	地 名	諺 文	備 攷
〃	〃	帍岩里	호암	
〃	〃	上所里	상쇼뎐	
〃	〃	細洞	가는골	
〃	〃	錦洞	검동	
〃	〃	毛岩里	모암이	
〃	〃	巢龍里	쇼룡골	
〃	〃	帍洞	범골	
〃	〃	馬達里	마달	
〃	〃	石橋里	돌다리	
〃	〃	三槐亭里	쎗ㅡ	
〃	〃	別化山里	별암이	
〃	〃	九到門里	구도문	
〃	〃	不死里	부사리	
〃	〃	朗月里	낭월	
〃	〃	古水亭里	고슈마루	
〃	〃	敦里洞	돈리동	
〃	〃	酒幕里	쥬막	
〃	〃	白雲里	빅운이	
〃	〃	大寺洞	한뎔골	
〃	〃	大別里	딕별	
〃	〃	大田里	한밧	
〃	〃	下沙里	하사라이	
〃	〃	木尺里	은응뎡이	
〃	〃	垈山里	테뫼	

面名	種 別	地 名	諺 文	備 攷
〃	〃	松寺里	숑졀	
〃	〃	鉢岩里	바리바위	
〃	〃	木達里	남달뫼	
〃	〃	後坪里	후평	
〃	〃	砧山里	방아뫼	
〃	〃	方丑里	방축	
〃	〃	葛洞	갈구리	
〃	〃	中村	즁말	
〃	〃	政生洞	뎡셩골	
〃	〃	新村	신촌	
〃	〃	妙角洞	묘각골	
〃	〃	牧洞	목동	
〃	〃	踏積洞	답젹골	
〃	〃	下龍里	하용	
〃	〃	長尺里	식지	
〃	〃	舊完田里	구완뎐이	
〃	〃	新完田里	신완뎐이	
〃	〃	梨木洞	비나무골	
〃	〃	所好里	쇼리	
〃	〃	域洞	역골	
〃	〃	上沙里	윗사란이	
〃	〃	樂洞	낙동	
〃	〃	無愁洞	무슈리	
柳等川面	川名	燕川	졔비닉	本面 燕川

面名	種　別	地　名	諺　文	備　攷
〃	洑名	城山洑	셩산보	〃 新峯前坪
〃	〃	遠垈洑	원듸보	〃 昌明下坪
〃	〃	伏水洑	복슈보	〃 伏水上坪
〃	〃	道砧洑	도침보	〃 道橋前坪
〃	〃	龍頭洑	룡두보	〃 艾川下坪
〃	〃	淳潭洑	슌평보	〃 正林下坪
〃	〃	平里洑	평리보	〃 平里前坪
〃	酒幕名	上坪酒幕	상평창집거리	〃 上坪里
〃	重要土産名	白米, 大豆, 小豆		
〃	村里名	下坪里	글뚝말	
〃	〃	栢谷里	빅곡	
〃	〃	平里	평리	
〃	〃	塔洞里	탑골	
〃	〃	龍頭里	어덕용머리	
〃	〃	盘松里	반숑	
〃	〃	盘心里	강틔골	
〃	〃	沙亭里	사졍이	
〃	〃	柳川里	류쳔	
〃	〃	城山里	곽암	
〃	〃	中坪里	즁평	
〃	〃	加尺里	가쳑	
〃	〃	倉里	창집거리	
〃	〃	新坪里	신평	
〃	〃	上坪里	상평	

面名	種 別	地 名	諺 文	備 攷
〃	〃	牟山里	모산	
〃	〃	唐岱里	당듸	
〃	〃	伏水里	복슈	
〃	〃	院村	먹틔	
〃	〃	艾川里	쑥늬	
〃	〃	院坪里	원평리	
〃	〃	果禮里	과례	
〃	〃	昌明里	창명	
〃	〃	老山里	로산	
〃	〃	安永里	안영	
〃	〃	玉山里	옥산	
〃	〃	閨洞	규동	
〃	〃	新牟山里	신모산	
〃	〃	九岩里	구암	
〃	〃	天根里	쳔근	
〃	〃	新峯里	신봉	
〃	〃	正林里	뎡림	
〃	〃	宋山里	숑산	
〃	〃	淳坪里	슌뮛들	
〃	〃	道馬里	도마다리	
〃	〃	長承里	장승	
〃	〃	邉洞里	삼졍모롱이	
〃	〃	鳴岩里	울바위	
〃	〃	道洞	도동	

面名	種　別	地　名	諺　文	備　攷
〃	〃	鷰川里	졔비니	
〃	〃	水砧里	슈침리	
〃	〃	砧川里	침쳔	
〃	〃	新村	신촌	
〃	〃	山積里	산젹동	
〃	〃	火峙里	불티	
〃	〃	司馬里	마구동	
〃	〃	花坪里	화평리	
炭洞面	酒幕名	雪目酒幕	셜목쥬막	
〃	重要土産名	白米, 大豆, 小豆		
〃	村里名	炭洞	숡골	
〃	〃	高村	고촌	
〃	〃	中方里	즁방이	
〃	〃	雪目里	셜목	
〃	〃	新峯里	시울	
〃	〃	花岩里	꼿바위	
〃	〃	柳山里	류산	
〃	〃	新谷里	지밋	
〃	〃	自雲里	느러리	
〃	〃	內洞	방고지	
〃	〃	細洞	가는골	
〃	〃	壯洞	장지울	
〃	〃	秋木里	츄목	
〃	〃	新垈里	시터	

面名	種 別	地 名	諺 文	備 攷
〃	〃	德津里	덕진	
〃	〃	正三洞	뎡삼골	
〃	〃	安基里	안터	
〃	〃	白山里	빅산이	
〃	〃	帍洞	범골	
〃	〃	鳳基里	봉긔동	
〃	〃	景雲里	경운이	
〃	〃	松林里	숑림	
〃	〃	道龍里	도룡골	
〃	〃	回屛里	회병골	
〃	〃	柯亭里	가졍ᄌ	
〃	〃	牛尾洞	우미동	
〃	〃	淑洞	슉골	
〃	〃	盘石里	양지말	
〃	〃	下草里	너먼싀우	
〃	〃	三溪里	흔바위	
〃	〃	上草里	방아다리	
〃	〃	錦城里	검셩	
〃	〃	新城里	셩식골	
〃	〃	山幕里	산막	
〃	〃	栗亭里	밤나무졍이	
〃	〃	外山里	외삼	
〃	〃	三賢里	삼현이	
〃	〃	案山里	안산	

面名	種 別	地 名	諺 文	備 攷
〃	〃	立石里	안밤나무졍이	
〃	〃	朴山里	홍골	
〃	〃	下基里	아릐터골	
〃	〃	上基里	웃터골	
〃	〃	方丑里	방츅리	
〃	〃	盤松里	반송리	
〃	〃	山直里	산직리	
九則面	浦口名	馬尾浦	말미긱	九則面 垈洞
〃	重要土産名	白米, 大豆, 小豆, 棉花		
〃	村里名	上東里	퉁졈	
〃	〃	青龍里	쳥룡	
〃	〃	東華里	동화울	
〃	〃	鳳山里	봉산	
〃	〃	山義里	사의절	
〃	〃	不老洞	방골	
〃	〃	塔立里	탑션골	
〃	〃	鳳岩里	봉암	
〃	〃	五龍里	오룡이	
〃	〃	新岩里	침교	
〃	〃	龍山里	용산	
〃	〃	後坡里	뒤바구니	
〃	〃	官坪里	관들	
〃	〃	今古里	금고	

面名	種 別	地 名	諺 文	備 攷
〃	〃	舟城里	비작이	
〃	〃	作洞	작골	
〃	〃	松江里	쇙경이	
〃	〃	上山里	안골	
〃	〃	五垈里	오듸	
〃	〃	新達田里	싀터말	
〃	〃	加馬里	가마골	
〃	〃	李山所里	이산쇼	
〃	〃	鶴橋里	학교	
〃	〃	屯谷里	두노실	
〃	〃	垈洞	듸골	
〃	〃	足洞	죡동	
〃	〃	金灘里	쇠일	
〃	〃	下坪里	하평	
〃	〃	新垈里	아릐녹골	
〃	〃	靑雲里	청운리	
〃	〃	新興里	가운듸녹골	
〃	〃	九龍里	다리골	
〃	〃	新東里	윗녹골	
〃	〃	臥龍里	와룡리	
〃	〃	泊石里	박셕리	
川內面	筝洑及堤堰名	龍洑	룡보안보	本面 宋山里前坪
〃	〃	中洑	즁보	〃 槐亭里前坪
〃	〃	省洑	싱보	〃 伏水里前坪

面名	種 別	地 名	諺 文	備 攷
〃	〃	新洑	싀보	〃 立儀里前坪
〃	〃	炭坊洑	숫방이보	〃 炭坊里前坪
〃	〃	地巨洑	지계보	〃 弓洞里下坪
〃	〃	甕津洑	옹진기보	〃 樂洞下坪
〃	〃	杏亭堤堰	힝뎡방죽	〃 杏亭屯山坪
〃	酒幕名	伏水酒幕	은뜰쥬막	〃 伏水里
〃	重要土産名	白米, 大豆, 小豆		
〃	村里名	新村	신촌	
〃	〃	炭坊里	숫방이	
〃	〃	長峴里	장고기	
〃	〃	升川里	승쳔	
〃	〃	魚隱里	언골	
〃	〃	白雲里	빅운이	
〃	〃	三溪里	삼계	
〃	〃	應起里	응긔터	
〃	〃	九城里	구억말	
〃	〃	槐亭里	가장골	
〃	〃	宋山里	유두미	
〃	〃	下應里	하응긔	
〃	〃	坪村	평촌	
〃	〃	佳狀里	벌가장골	
〃	〃	樂洞	낙동	
〃	〃	葛馬洞	갈마울	
〃	〃	鳳鳴洞	봉명	

面名	種 別	地 名	諺 文	備 攷
〃	〃	藝亭里	예정	
〃	〃	万年垈里	진터벌	
〃	〃	芝洞	지치울	
〃	〃	屯山里	둔짐이	
〃	〃	立儀里	입의	
〃	〃	杏亭里	가운듸둔짐이	
〃	〃	曲村	곡촌	
〃	〃	新垈里	읫둔짐이	
〃	〃	月坪里	월평	
〃	〃	外山里	외산	
〃	〃	城本里	셩밋	
〃	〃	井頭里	싀암머리	
〃	〃	花岩里	ᄉᆞ장	
〃	〃	伏水里	언들	
〃	〃	万年洞	마련동	
〃	〃	內洞	닉동	
〃	土産名	紫草, 石鐵		
〃	〃	訥魚, 地黃		
〃	〃	茯令, 安息香		

4. 진잠(鎭岑)

面名	種 別	地 名	諺 文	備 攷
北面	山谷名	分鶴山	분게산	北面 鶴山里郡西北五里自鶴龍山来
〃	〃	産獐山	산장산	仝 邑內ヨリ 仝 七星里ニ連跨
〃	川名	乾川	건쳔	仝 鶴下洞
〃	寺刹名	海見菴	히견암	仝 鷄山里
〃	堤堰狀名	天字堤	세거리방쥭	仝 三岐坪
〃	〃	洪字堤	솔마루방쥭	仝 松村坪
〃	〃	盈字堤	향교방쥭	校村坪
〃	渡津名	ナシ		
〃	驛名	ナシ		
〃	池名	ナシ		
〃	關防名	ナシ		
〃	古碑名	烈女王先碑	열녀옥션비	北面 內洞前烈女官婢王先其夫李世杞死水醬不合日夜啼泣自盡ス事鳳旌門
〃	野坪名	鶴下坪	멸략들	仝 鶴下洞坪
〃	院名	ナシ		
〃	浦口名	ナシ		
〃	江川溪澗名	虛門溪	허문쏠	仝 內洞前
〃	〃	安溪	안골쏠	仝 內洞背後
〃	〃	寒寺澗	한졀쏠	仝 七星里
〃	站名	ナシ		
〃	酒幕名	栗里酒幕	방아고지쥬막	仝 龍溪里

面名	種　別	地　名	諺　文	備　攷
〃	〃	乾川酒幕	건쳔쥬막	仝 鶴下洞
〃	嶺峙峴名	産獐峴	산졍이고기	仝 七星里
〃	〃	石磚峴	돌팍지	仝 內洞背後
〃	名所古蹟名	ナシ		
〃	城堡名	ナシ		
〃	土産名	米	쌀	
〃	〃	麥	보리	
〃	市場名	邑內市	읍닉장	仝 內洞
〃	洞里村名	內洞	안골	
〃	〃	石泉	돌시암골	
〃	〃	校村	향교말	
〃	〃	松村	소마루	
〃	〃	珠巖里	쥬리바위	
〃	〃	星田里	셩젼	
〃	〃	七星里	칠셩당리	
〃	〃	大井里	흔우믈	
〃	〃	龍頭里	룡머리	
〃	〃	鷄山里	계산리	
〃	〃	茅谷里	사긔막골	
〃	〃	鶴下洞	학ᄒᆞ동	
〃	〃	龍溪里	용계리	
〃	〃	山直里	옥산뫼	
東面	山名	王女峯	오녀봉	東面 関睢洞後
〃	〃	烽火山	봉화지	仝 丑岩前

面名	種　別	地　名	諺　文	備　攷
〃	川名	佳水院川	가슈원닉	仝 佳水院
〃	寺刹名	ナシ		
〃	堤堰洑名	通字堤	가라터방죽	仝 丑岩前
〃	〃	率字堤	요골방죽	仝 蓼洞前
〃	〃	常字堤	쎄울방죽	仝 佳水院後
〃	渡津名	佳水院津	가슈원나루	仝 佳水院
〃	驛名	佳水院驛	가슈원정거장	仝 仝
〃	池名	ナシ		
〃	関防名	ナシ		
〃	古碑名	ナシ		
〃	野坪名	ナシ		
〃	院名	ナシ		
〃	浦口名	ナシ		
〃	江川溪澗名	寒泉澗	찬싀암똘	東面 新里
〃	站名	ナシ		
〃	酒幕名	寒泉酒幕	찬싀암닉기쥬막	仝 仝
〃	〃	佳水院酒幕	가슈원쥬막	仝 佳水院
〃	嶺峙峴名	仙谷峴	션골쥬막	仝 仙谷
〃	名所古蹟名	ナシ		
〃	城堡名	ナシ		
〃	土産名	米		
〃	〃	麥		
〃	市場名	佳水院市	가슈원장	仝 佳水院
〃	洞里村名	道安里	도안리	

面名	種 別	地 名	諺 文	備 攷
〃	〃	龍巢里	용소리	
〃	〃	佳水院里	가슈원	
〃	〃	老谷里	느리울	
〃	〃	仙谷里	션골	
〃	〃	槐谷里	고리골	
〃	〃	丑岩里	방귝만	
〃	〃	関睢洞	관젹골	
上南面	山名	九峯山	구봉산	上南面 新里郡東有五里自山長山来郡之白庑
〃	〃	安平山	안평산	仝 仙鶴洞郡南二十里自全羅道珍山大屯山来
〃	川名	水内川	물안리닉	仝 水内
〃	寺刹名	-	-	
〃	堤堰洑名	谷字堤	셥고기방쥭	仝 薪峴
〃	〃	鳳谷洑	야실보	仝 鳳谷
〃	渡津名	-	-	
〃	驛名	-	-	
〃	池名	-	-	
〃	関防名	-	-	
〃	古碑名	-	-	
〃	野坪名	-	-	
〃	院名	-	-	
〃	浦口名	-	-	
〃	江川溪澗名	金谷溪	쇠졈시닉	上南面 金谷前

面名	種　別	地　名	諺　文	備　攷
〃	〃	山直溪	비션말시닉	仝 山直里
〃	站名	-	-	
〃	酒幕名	泗津酒幕	ᄉᆞ진기쥬막	仝 屯洞
〃	〃	正各酒幕	증각골쥬막	仝 正各洞
〃	嶺峙峴名	大峴	ᄃᆡ고기	仝 新里
〃	〃	牛畊峙	우경리직	仝 正各里
〃	名所古蹟名	-	-	
〃	城堡名	也室民堡	야실민보	仝 鳳谷
〃	土産名	米	쌀	
〃	〃	麥	보리	
〃	〃	紙	죠희	
〃	市場名	黑石市	거믄들장	仝 黑石里
〃	洞里村名	新里	쇠졈	
〃	〃	沙樹里	ᄉᆞ슈리	
〃	〃	鳳谷里	야실	
〃	〃	黑石里	거문들	
〃	〃	薪峴里	셥고기	
〃	〃	梅老里	미노리	
〃	〃	五龍洞	오룡골	
〃	〃	龍台洞	용틱울	
〃	〃	項洞	황골	
〃	〃	壯安里	장안	
〃	〃	龍岩里	용바위	
下南面	山名	衛王山	위왕산	下南面 中山後

面名	種 別	地 名	諺 文	備 攷
〃	川名	大屯川	딗둔닉	仝 永洞前郡南十里自連山汗三川来
〃	寺刹名	–	–	
〃	堤堰洑名	高巖洑	고바위보	仝 龍村前
〃	〃	德洞洑	덕골보	仝 德洞前
〃	渡津名	–	–	
〃	驛名	–	–	
〃	池名	–	–	
〃	關防名	–	–	
〃	古碑名	–	–	
〃	野坪名	蓮池坪	연못들	下南面 龍村前
〃	〃	陳坪	진벌	仝 坪村前
〃	院名	–	–	
〃	浦口名	–	–	
〃	江川溪澗名	–	–	
〃	酒幕名	南溪酒幕	남게쥬막	仝 南溪
〃	〃	坪村酒幕	진벌쥬막	仝 坪村前
〃	嶺峙峴名	–	–	
〃	名所古蹟名	–	–	
〃	城堡名	–	–	
〃	土産名	米		
〃	〃	麥		
〃	〃	陶器		
〃	市場名	–	–	

面名	種 別	地 名	諺 文	備 攷
〃	洞里名	坪村	질마루	
〃	〃	温洞	사긔졈골	
〃	〃	增村	증촌	
〃	〃	五里洞	장밧탕리	
〃	〃	永谷洞	영골	
〃	〃	龍村	미림리	
〃	〃	貞坊里	졍방리	
〃	〃	三亭里	시누리	
〃	〃	金青里	쇠편리	
〃	〃	德洞	덕골	
〃	〃	元亭里	원졍리	
〃	〃	中山里	즁뫼	
〃	〃	上鉢里	바리고기	
〃	〃	牛鳴里	우레울	
〃	〃	鳥洞	식골	
西面	山名	錦繡山	금슈산	西面 上城北郡西北七里自鷄龍山来
〃	〃	藥師山	약사산	仝 下城北郡西七里自鷄龍山来
〃	川名	新院川	시온닉	仝 新川前
〃	寺刹名	鶴雲寺	학운사	仝 上城北上
〃	堤堰洑名	仕字堤堰	방츅니방쥭	仝 芳洞
〃	〃	鳳凰洑	부엉보	仝 南仙里
〃	渡津名	-	-	
〃	驛名	-	-	

面名	種 別	地 名	諺 文	備 攷
〃	池名	-	-	
〃	關防名	-	-	
〃	古碑名	-	-	
〃	野坪名	-	-	
〃	院名	-	-	
〃	浦口名	-	-	
〃	江川溪澗名	上細澗	상세동시닉	西面 上細洞
〃	〃	寺谷澗	졀골시닉	仝 上城北
〃	站名	-	-	
〃	酒幕名	三汗酒幕	삼한쥬막	仝 三汗里
〃	〃	城北酒幕	잣듸쥬막	仝 上城北
〃	〃	中細洞酒幕	즁세동쥬막	仝 中細洞
〃	〃	仙倉酒幕	션창쥬막	仝 仙倉
〃	〃	鳳岩酒幕	부엉보쥬막	仝 南仙里
〃	嶺峙峴名	中細洞嶺	즁세동고기	仝 中細洞
〃	名所古蹟名	-	-	
〃	城堡名	城峴民堡	셩지민보	仝 上城北
〃	土産名	米	쌀	
〃	〃	麥	보리	
〃	市場名	-	-	
〃	洞里名	上城北里	위잣듸	
〃	〃	九浦里	구가말	
〃	〃	新川里	시온닉	
〃	〃	芳洞	팟거리	

面名	種 別	地 名	諺 文	備 攷
〃	〃	下細洞	ᄒᆞ세동	
〃	〃	仙倉里	션창이	
〃	〃	松亭里	송정이	
〃	〃	南仙里	남션이	
〃	〃	月底里	ᄃᆡ져골	
〃	〃	流林洞	흘임골	
〃	〃	上細洞	상세동	
〃	〃	中細洞	중세동	
〃	土産名	蜂蜜, 細魚		
〃	〃	錦鱗魚, 沙沉魚		
〃	〃	楮木 漆木		
〃	〃	沙蔘		

5. 연산(連山)

面名	種 別	地 名	諺 文	備 攷
白石面	洞里村名	橋陽橋里	고양이다리	
〃	〃	新凡里	신범남이	
〃	〃	下表里	하표리	
〃	〃	中表里	즁표리	
〃	〃	上表里	상표리	
〃	〃	新表里	신표리	
〃	〃	日音洞	일음동	
〃	〃	沙峴洞	사실고기	
〃	〃	隱洞	은골	
〃	〃	沙浦洞	살표동	
〃	〃	貴巖洞	귀읍동	
〃	〃	新井洞	신졍동	
〃	〃	貴巖洞	귀음동	
〃	〃	新井洞	신졍동	
〃	〃	堂谷里	당솔	
〃	〃	道口里	도구머리	
〃	〃	杏亭里	힝졍니	
〃	〃	德巖里	덕바울	
〃	〃	長田里	진밧들	
〃	〃	平村里	평촌니	
〃	〃	九井洞	구졍	
〃	〃	松山洞	숑산	
〃	〃	上梧山里	상오산	

面名	種別	地名	諺文	備攷
〃	〃	蓮塘洞	연당	
〃	〃	長港洞	장항	
〃	〃	山所里	신소리	
〃	〃	新巢里	신소	
〃	〃	望德里	망덕니	
〃	〃	德山里	덕산	
〃	〃	龍山洞	용산동	
〃	〃	德谷洞	덕골	
〃	〃	炭洞	탄동	
〃	院名	龜山書院	귀산셔원	梧山里ニアリ戊辰毁撤
〃	堤堰名	瓮井堤		道ロニアリ
外城面	洞里村名	九山里	거북메	
〃	〃	新林里	실님	
〃	〃	興林里	흥님	
〃	〃	下林里	하님	
〃	〃	青林里	청님	
〃	〃	上林里	상님	
〃	〃	書堂洞	셔당골	
〃	〃	觀學洞	관학동	
〃	〃	夫皇洞	부황리	
〃	〃	用九山洞	용구산	
〃	〃	德坪洞	덕평	
〃	〃	中林洞	즁님	

面名	種 別	地 名	諺 文	備 攷
〃	〃	鶴亭里	학정리	
〃	〃	新外里	신외리	
〃	〃	上外里	상외리	
〃	〃	旺德里	왕덩니	
〃	〃	中外里	즁외리	
〃	〃	下外里	하외리	
〃	〃	殘浦洞	잔포	
〃	〃	茶峴里	다오기	
〃	〃	粉洞	분동	
〃	〃	盖井洞	기녕	
〃	〃	巣溪洞	쇼게	
〃	山谷名	城台山	셩틔산	
〃	院名	遯巖書院	도남셔원	林里ニアリ現時ハ內赤面ニ移建ス
〃	江川名	沙川	모릐닉	林里ニアリ
〃	古蹟名	養性堂	양셩당	在林里
〃	〃	外城	외셩	在林里 在郡西十里俗傳三國時所肇頽圮
〃	堤堰名	觀學堤	권학제	觀學里ニアリ
〃	浦口名	葦浦	풋기	
〃	〃	草浦院		
伐谷面	洞里村名	汗三川里	한삼닉	
〃	〃	陽山里	양살니	
〃	〃	壯子里	장자동	
〃	〃	古月里	고월리	

面名	種 別	地 名	諺 文	備 攷
〃	〃	垈洞	텃골	
〃	〃	店洞	졈동	
〃	〃	柯亭洞	가졍니	
〃	〃	揚谷洞	양곡	
〃	〃	錦川洞	검쳔	
〃	〃	舟峙洞	비티	
〃	〃	杻洞	싸리골	
〃	〃	五作谷里	오작곡	
〃	〃	貴巖里	귀암	
〃	〃	德木里	덕목	
〃	〃	元頭門里	원두문	
〃	〃	尺古木里	젹고목	
〃	〃	舊孤雲洞	구고운	
〃	〃	沙亭洞	사졍	
〃	〃	德谷洞	덕실	
〃	〃	晩木洞	만목	
〃	〃	望峙洞	보름리	
〃	〃	思三巖洞	사삼바위	
〃	〃	新垈洞	신대동	
〃	〃	盤松洞	반송	
〃	〃	仁亭洞	인졍	
〃	〃	公頂山洞	공심니	
〃	〃	東溪洞	동계	
〃	〃	新坪洞	신평	

面名	種　別	地　名	諺　文	備　攷
〃	〃	龍巖洞	용암	
〃	〃	鳥嶺洞	식지	
〃	〃	松亭洞	송졍	
〃	〃	鳥洞	식골	
〃	〃	茅田洞	띄밧	
〃	〃	倉坪洞	창평	
〃	〃	道里山洞	도리산	
〃	〃	西斤夜味	셔근바니	
〃	〃	新楓洞	신풍	
〃	〃	花溪洞	화게	
〃	〃	中伐谷村	즁별곡	
〃	〃	上伐谷村	상별실	
〃	〃	相思岩村	상사압	
〃	〃	水洛村	수락	
〃	〃	新孤雲村	신고운	
〃	〃	英隱寺村	영은사	
〃	〃	內於谷村	닉의실	
〃	〃	外於谷村	외의실	
〃	〃	讀房村	독방이	
〃	〃	新村	신촌	
〃	〃	道山村	도산리	
〃	〃	永貞洞	염졈골	
〃	〃	長古峙村	장고리	
〃	〃	大德洞	딕덕	

面名	種 別	地 名	諺 文	備 攷
〃	山谷名	大芚山	딕둔산	自全羅道茂朱府德裕山来入于弥山爲大芚山自郡東距三十五里
〃	江川名	汗三川	한삼닉	
〃	寺刹名	新孤雲寺	신고운	上伐谷里ニアリ
〃	〃	英隱寺	연은	仝
〃	〃	石川寺	셕쳔	仝
〃	池名	龍湫	용츄	仝
〃	古蹟名	靜會堂	뎡회당	在上伐谷里 宣廟朝金黃岡継輝按節嶺南于時本邑諸生讀書於天護山孤雲寺患其書粮之難継聯名里書於嶺伯則給米三百石出近境各邑雇馬以輸之諸生
〃	〃	大乘寺	딕승사	上伐谷里ニアリ
茅村面	洞里村名	黃嶺里	황영	
〃	〃	下良里	하양	
〃	〃	新良里	양자울	
〃	〃	黃山里	황살리	
〃	〃	柿木里	감남무꼴	
〃	〃	中鳴巖	울바울	
〃	〃	新興里	신흥니	
〃	〃	新溪洞	소금번지	
〃	〃	竹內里	죽안니	
〃	〃	古里谷里	고리실	
〃	〃	山直里	산직리	

面名	種 別	地 名	諺 文	備 攷
〃	〃	上熊峙	상웅치	
〃	〃	下鳴巖里	하명암	
〃	〃	旺岱里	왕듸꼴	
〃	〃	上院里	상원	
〃	〃	下院里	하원	
〃	〃	盤谷里	셔림이	
〃	〃	葛田里	가릐틔	
〃	〃	壯洞	장동	
〃	〃	熊川里	곰늬	
〃	〃	上茅里	위띄울	
〃	〃	下茅里	아늬띄울	
〃	〃	松亭里	송뎡	
〃	〃	沉洞	침꼴	
〃	〃	書洞里	셔당꼴	
〃	〃	磋谷里	차곡	
〃	〃	新坪洞	신평	
〃	〃	防箻洞	방축꼴	
〃	〃	居士里	거사리	
〃	〃	中洑里	즁복니	
〃	〃	可士洞	가사동	
〃	〃	介峙里	기절리	
〃	〃	南山里	남살리	
〃	山谷名	黃山	황산	黃山里ニアリ
〃	〃	国士峯	군사봉	

面名	種 別	地 名	諺 文	備 攷
〃	江川名	居士川	거사리니	
〃	堤堰名	桐里堤	동이제	防箏里ニアリ
良陽所面	洞里村名	勿汗里	물한이	
〃	〃	諸非里	제비울	
〃	〃	盤巖里	반암니	
〃	〃	東山里	동살리	
〃	〃	道井里	도졍리	
〃	〃	月場里	월장니	
〃	〃	下梧洞	오금미	
〃	〃	林下洞	실임	
〃	〃	良村洞	양촌	
〃	〃	山北里	산북	
〃	〃	基洞	긔동	
〃	〃	光頭所里	광두소리	
〃	〃	本場里	본장	
〃	〃	水郎里	슈낙니	
〃	〃	新里	실리	
〃	〃	高巖里	노푼바위	
〃	〃	中里	즁리	
〃	〃	上里	상리	
〃	〃	上梧里	상옴의	
〃	〃	下光里	하광달리	
〃	〃	上光里	상광달니	
〃	〃	采洞	치동	

面名	種 別	地 名	諺 文	備 攷
〃	〃	上沙里	상사리	
〃	〃	下沙里	하사리	
〃	山谷名	天芚山	텬둔산	上吾里ニアリ
〃	江川名	仁川	인너	
	堤堰名	達里城	달니셩	仝面 釆洞里ニアリ 在釆洞里大芚山四面絶壁削立環擁作城險阻天作中可容數萬兵而但井泉不多似難守城諺傳高麗時有土賊達里者據守山城恣行侵掠閭里騷然官軍討之圍守踰年僅勀之故號曰達里城今廢
豆磨面	洞里村名	會音洞	회음동	
〃	〃	立巖洞	입암	
〃	〃	壽福洞	슈복동	
〃	〃	農所洞	농소	
〃	〃	新積洞	신젹동	
〃	〃	院垈洞	원듸	
〃	〃	金谷里	금곡	
〃	〃	玄巖里	거문바위	
〃	〃	幕隱洞	막은동	
〃	〃	槐亭里	괴졍	
〃	〃	陰節里	음졀	
〃	〃	新基里	신긔	
〃	〃	新山直里	신산직니	

面名	種　別	地　名	諺　文	備　攷
〃	〃	報德洞	보덕동	
〃	〃	閑田洞	한젼동	
〃	〃	水巖洞	슈암	
〃	〃	下竹洞	ᄒᆞ죽	
〃	〃	魯洞	노동	
〃	〃	乭洑里	돌본니	
〃	〃	山所里	산소리	
〃	〃	場垈里	장터	
〃	〃	九老谷里	구로실	
〃	〃	金花里	금화	
〃	〃	陰達里	음달리	
〃	〃	三巨里	삼거리	
〃	〃	內光里	ᄂᆡ광	
〃	〃	外光里	광슈리	
〃	〃	蓮花洞	연화동	
〃	〃	東金巖里	동금압	
〃	〃	西金巖里	셔금압	
〃	〃	柯支洞	가지동	
〃	山谷名	天馬山	철마산	仝面 外光里ニアリ
〃	江川名	豆馬川	두마ᄂᆡ	
〃	堤堰名	等寺堤	아사제	外光ニアリ
〃	古蹟名	廣炤部曲	광소부곡	外光里ニアリ今無 在外光里郡北二十里 今廢
食汗面	洞里村名	下校村	하교촌	

面名	種別	地名	諺文	備攷
〃	〃	校村	교촌	
〃	〃	下官洞	하관동	
〃	〃	上官洞	상관	
〃	〃	帍洞	범골	
〃	〃	翰林亭里	할임졍니	
〃	〃	柳洞	버들골	
〃	〃	梨洞	비울	
〃	〃	壯子洞	장자동	
〃	〃	水落里	슈락니	
〃	〃	道谷里	도곡	
〃	〃	松林里	송임	
〃	〃	山老里	산로리	
〃	〃	北溪里	북게	
〃	〃	伏龍里	북용졍	
〃	〃	花岳里	화악골	
〃	〃	下松里	하송	
〃	〃	上松里	상송	
〃	〃	香汗里	향안니	
〃	〃	晩雲里	만운	
〃	〃	宗坪里	마루들	
〃	〃	內松里	닉송니	
〃	〃	外松里	외송니	
〃	〃	龍溪里	용게	
〃	〃	天濩里	쳔호리	

面名	種 別	地 名	諺 文	備 攷
〃	〃	王流洞	옥유동	
〃	〃	上開台洞	상기틔	
〃	〃	石橋洞	셕교	
〃	〃	沙峰洞	사봉동	
〃	〃	光石里	나분들	
〃	〃	雲田洞	운젼	
〃	〃	京雲洞	경운이	
〃	〃	聖才洞	승지동	
〃	〃	龍洞	용동	
〃	〃	墨方里	먹방니	
〃	〃	石溪里	죵노텨	
〃	〃	丁壯里	졍장니	
〃	〃	新內里	신닉	
〃	〃	長古山里	장고산	
〃	〃	夫南里	부남리	
〃	〃	東垈洞	동딕동	
〃	〃	白巖洞	흔박골	
〃	〃	東村	동촌	
〃	〃	花山里	화산리	
〃	〃	牛磧洞	우젹골	
〃	山谷名	鷄龍山	게용산	
〃	〃	天護山	쳔호산	
〃	江川名	北川	뒤닉	
〃	池名	雌龍湫	암용츄	仝面 龍山里ニアリ

面名	種 別	地 名	諺 文	備 攷
〃	〃	雄龍湫	슈용츄	仝面 白岩里ニアリ
〃	古蹟名	上庵寺	상암사	仝面 陰寸里ニアリ
〃	〃	佛庵寺	불암사	仝面 富菴里ニアリ
〃	〃	開泰寺	기틔사	開泰里ニアリ數百年前廃止
〃	〃	萬雲寺	만운사	仝面 香汗里ニアリ
〃	〃	伊里城	이리셩	在兜率山不知何代所築久廃
〃	〃	百濟城	백제셩	校洞ニアリ
〃	堤堰名	香汗堤	향안제	仝面 香汗里ニアリ現今廃止
內赤面	洞里村名	上凡里	상볌남니	
〃	〃	下凡里	밧볌남니	
〃	〃	閒田里	한젼니	
〃	〃	水井里	슈졍니	
〃	〃	欣皇里	흔앙이	
〃	〃	居井里	거졍터	
〃	〃	高井里	고졍	
〃	〃	牛首里	쇠머리	
〃	〃	青洞里	청동골	
〃	〃	陽村里	양촌	
〃	〃	河洛里	하락	
〃	〃	溫山里	온산	
〃	院名	遯菴書院	돈암셔원	上凡里ニアリ
內面	洞里村名	南村	남촌	

面名	種別	地名	諺文	備攷
〃	〃	北村	북촌	
〃	〃	栢林洞	빅님	
〃	〃	白涯里	빅오기	
〃	〃	阿谷里	아곡	
〃	〃	琴坪里	금들	
〃	〃	陽村	양촌	
〃	〃	山直里	산즉니	
〃	〃	莘巖里	신암	
〃	〃	大木洞	딕목동	
〃	山谷名	兜率山	두솔산	
〃	寺名	月隱寺	월은사	
夫人處面	洞里村名	新三巨里	신삼거리	
〃	〃	山所里	산소리	
〃	〃	平川里	평쳔리	
〃	〃	盤竹里	반송니	
〃	〃	九井里	구졍니	
〃	〃	馬九坪	마구평	
〃	〃	合川村	합쳔	
〃	〃	新德村	신덕촌	
〃	〃	豚池里	돈못	
〃	〃	東新垈里	동신딕	
〃	〃	南新垈里	남신딕	
〃	〃	鵝湖里	아호랏	
〃	〃	薪田里	섭반니	

面名	種 別	地 名	諺 文	備 攷
〃	〃	新基村	신긔촌	
〃	〃	桂田村	계젼촌	
〃	〃	旺南村	왕남촌	
〃	〃	旺北村	왕북촌	
〃	〃	德池村	덕지촌	
〃	〃	倉里村	창리촌	
〃	〃	連新村	연신촌	
〃	川野坪名	馬九坪	마구평	
〃	驛名	平川驛	평천역	平川里ニアリ
〃	堤堰洑名	平川堤	평천졔	
〃	古蹟名	夫人堂	부인당	高麗時ニ祠立
〃	大川	鵝湖川	아호랏닉	
赤寺谷面	洞里村名	汁新村	지장박쏠	
〃	〃	汗良村	한양말	
〃	〃	汗北村	한북촌	
〃	〃	甘寺谷村	감졀	
〃	〃	忠谷村	츙곡	
〃	〃	城水坪	셩슈뜰	
〃	〃	大明洞	딕명골	
〃	〃	塔亭里	탑졍이	
〃	〃	顔川村	안쳔말	
〃	〃	新豊里	신풍	
〃	〃	豊德里	풍덕말	
〃	〃	新坪里	즁보거리	

面名	種別	地名	諺文	備攷
〃	〃	中村里	즁리	
〃	〃	基新洞	긔신동	
〃	〃	阿可谷洞	아기올	
〃	〃	注川洞	쥬릐	
〃	〃	新橋洞	신교	
〃	〃	沙橋洞	사다리	
〃	〃	下酒幕里	ᄒᆞ쥬막	
〃	〃	錦城里	금셩	
〃	〃	東床里	동상골	
〃	〃	洑隅里	번마루	
〃	〃	山老里	산노리	
〃	〃	平里洞	평니	
〃	〃	城內洞	셩안	
〃	〃	內洞	알골	
〃	〃	上城洞	엄쁨	
〃	〃	中城洞	셩겁뜰	
〃	〃	下城洞	하셩	
〃	山名	大鳴山	ᄃᆡ명산	
〃	江川名	布川	포ᄂᆡ	
〃	池名	塔亭池	탑졍소	
〃	古蹟名	忠谷書院	츙곡서원	忠谷里ニアリ今廢止
〃	〃	大休亭	ᄃᆡ휴졍	在郡南十三里溪上中廟朝金謙光之孫扁曰大休及其子光川尉仁慶重修

面名	種 別	地 名	諺 文	備 攷
〃	〃	成先生遺墟碑	셩션상유허비	忠谷里
〃	〃	休亭書院	휴뎡셔원	
〃	驛名	布川院		
〃	堤堰名	靑洞堤	청동제	今廢止
〃	土産名	苧, 銀口魚		
〃	〃	自然銅, 蜂蜜		
〃	〃	地黃		
〃	〃	蟹新增綠礬		
〃	〃	續增沙鉄		
〃	〃	紙, 錦鱗魚		
〃	〃	蜜魚, 鯽魚		
〃	〃	漆, 當歸		
〃	〃	苦蕒		

6. 노성(魯城)

面名	種 別	地 名	諺 文	備 攷
上道面	山名	國師峯		大明洞　郡東十里 卽鷄龍山西麓也其 上有三鉄馬不知何 代所作而人或動移 則風兩忽作云
〃	嶺峙峴名	懸峙	민ᄌᆡ	仝
〃	洞里村名	後洞	쯰울	
〃	〃	大明洞		
〃	〃	龍洞		
〃	〃	水井洞		
〃	〃	瓦也洞		
〃	〃	上里	바리바위	
〃	〃	石田里	돌밧	
〃	〃	石宗里	돌ᄲᅮᆫ이	
〃	〃	杏丁里	가ᄌᆡ울	
〃	〃	旺井里	왕오ᄅᆡ	
〃	〃	山直里		
〃	〃	舞洞	잠방이	
〃	〃	新坪里		
〃	〃	鴈山里		
〃	〃	大村		
〃	〃	弓洞		
〃	〃	反谷		
〃	〃	小牛洞	자근쇼울	

面名	種 別	地 名	諺 文	備 攷
〃	〃	大牛洞	큰쇼울	
〃	〃	村山		
下道面	堤堰洑名	淑真堤		淑真洞
〃	〃	寒泉堤		寒泉里
〃	〃	酒谷堤		西酒谷
〃	〃	反松堤		反松里
〃	〃	內洞堤		內洞
〃	〃	尭洞堤		尭洞
〃	〃	新庄堤		新庄里
〃	〃	介城洑	기지보	介城坪
〃	〃	板橋洑	너더리보	板橋坪
〃	〃	古松洑		古松坪
〃	野坪名	介城坪	기지들	
〃	酒幕名	前酒幕	압슐막	酒幕里
〃	洞里村名	巖川里	바위닉	
〃	〃	新庄里		
〃	〃	鶴堂里	한말	
〃	〃	東酒谷	웟슉골	
〃	〃	西酒谷	아릐슉골	
〃	〃	內洞	안골	
〃	〃	寒泉里		
〃	〃	坪里	들말	
〃	〃	淑真洞		
〃	〃	卧龍洞	각씨울	

面名	種 別	地 名	諺 文	備 攷
〃	〃	魯五里	오그미	
〃	〃	萬化洞		
〃	〃	聖才洞		
〃	〃	尭洞		
〃	〃	酒幕里		
豆寺面	堤堰洑名	恒月堤		恒月里
〃	〃	巨橋洑	거더리보	
〃	洞里村名	高浪里		
〃	〃	大山里	산졍말	
〃	〃	中山里	물너고지	
〃	〃	小山里		
〃	〃	大洞	큰골	
〃	〃	西邉里		
〃	〃	五柳洞		
〃	〃	合丁里		
〃	〃	馬頭里	말머리	
〃	〃	恒月里		
泉洞面	堤堰洑名	小中堤		小中里
〃	池名	長者池	장지못	大尺里
〃	洞里村名	大中里		
〃	〃	小中里		
〃	〃	大尺里		
〃	〃	小尺里		
〃	〃	旺田里	왕밧	

面名	種 別	地 名	諺 文	備 攷
光石面	堤堰洑名	荒防堤		梨寺里
〃	野坪名	光石坪	곽셕들	光石坪
〃	洞里村名	山東里	호산이	
〃	〃	論山里	논미	
〃	〃	立石里	션돌	
〃	〃	葛山里	갈미	
〃	〃	銀洞		
〃	〃	新村		
〃	〃	舊土里	구듬지	
〃	〃	梨寺里	빗절	
〃	〃	新新洞		
〃	〃	水巷里		
〃	〃	光里		더분들
〃	〃	內里		안말
得尹面	堤堰洑名	止洞堤		止洞
〃	〃	上里堤		上里
〃	〃	中里堤		中里
〃	〃	大防堤		鴈山里
〃	〃	小防堤		仝
〃	〃	尹里堤		尹里
〃	〃	新堂堤		新堂里
〃	洞里村名	止洞	질울	
〃	〃	尹里		
〃	〃	中里	여슈울	

面名	種 別	地 名	諺 文	備 攷
〃	〃	上里	지밋	
〃	〃	大堂里		
〃	〃	新堂里		
〃	〃	沙洞	사리울	
〃	〃	小堂里		
素沙面	堤堰洑名	山直堤		山直里
〃	洞里村名	大井里	가졀	
〃	〃	旺村		
〃	〃	真湖里	진울	
〃	〃	長月里	장다리	
〃	〃	松丁里	졍마루	
〃	〃	山直里		
〃	〃	德相洞		
〃	〃	新垈里	둑머리	
〃	〃	水浪洞		
〃	〃	飛鴈洞		
〃	〃	新龍里		
〃	〃	鳳谷		
〃	〃	上觀里		
〃	〃	下觀里		
〃	〃	檜花里		
〃	〃	長賛里		
〃	〃	雲橋村		

面名	種　別	地　名	諺　文	備　攷
長夊面	山名	接枝山		接枝山郡北三里魯山西麓
〃	堤堰洑名	夊洞堤		夊洞
〃	〃	接支堤		接支山
〃	院名	魯岡書院		五江里
〃	洞里村名	夊洞		
〃	〃	沙橋里	삽다리	
〃	〃	西邉里		
〃	〃	平田里		
〃	〃	五江里		
〃	〃	德浦里		
〃	〃	新垈里	방아ᄭᅩ지	
〃	〃	山直里	회빵골	
〃	〃	接枝山里		
〃	〃	內村		
〃	〃	西峯里		
〃	〃	大丙里	병ᄉᆡ	
〃	〃	小丙里	가시랏	
〃	〃	九中里		
〃	〃	中山里	갓졈	
〃	〃	佳谷里		
〃	〃	芝庄洞		
〃	〃	魯溪里	즘골	
禾谷面	堤堰洑名	防箏堤		防箏里

面名	種 別	地 名	諺 文	備 攷
〃	洞里村名	帍巖里	숑춘	
〃	〃	防箏里	박죡안	
〃	〃	九老里		
〃	〃	竹林里	요쏠	
〃	〃	壯洞	장마루	
〃	〃	龍井里		
〃	〃	長善里		
〃	〃	木洞	목아울	
〃	〃	龍幕里	용슈막이	
〃	〃	德洞	터쏠	
〃	〃	美洞		
〃	〃	桑田里		
〃	〃	小中里		
〃	〃	亀岩里		
〃	〃	禾谷	슈실	
〃	〃	中里		
〃	〃	蘆峙里	가지	
〃	〃	聖洞		
月午面	川名	石橋川		石橋坪
〃	堤堰洑名	火岩洑	부리보	通山里
〃	〃	好音洑		忠洑里
〃	〃	真蕃洑		仝
〃	〃	新洑		堂山里
〃	洞里村名	院洞		

面名	種 別	地 名	諺 文	備 攷
〃	〃	山城洞		
〃	〃	上里		
〃	〃	中里		
〃	〃	通山里		
〃	〃	新里		
〃	〃	忠洑里		
〃	〃	堂山里		
〃	〃	山所里		
〃	〃	地境里		
〃	〃	小坪里	뜰암이	
〃	〃	樂洞		
邑內面	山谷名	魯山		月明洞
〃	堤堰洑名	南山堤		南山里
〃	〃	松塘堤		松唐里
〃	〃	松牙堤		松牙里
〃	洞里村名	紅門里		
〃	〃	上下反里	옥거리	
〃	〃	新村		
〃	〃	校村		
〃	〃	天牙洞		
〃	〃	南山里		
〃	〃	武丁洞		
〃	〃	旺林洞	왕숙골	
〃	〃	月明洞		

面名	種別	地名	諺文	備攷
〃	〃	松堂里		
〃	〃	松牙里	솔아실	
〃	〃	竹村	죽무리	
〃	土産名	鐵, 苧, 蟹		
〃	〃	鯽魚		

7. 은진(恩津)

面名	種　別	地　名	諺　文	備　攷
金浦面	山谷名	江景山		今王女峯ト称ス江景北村里ニ在り峯頂烽火臺跡アリ郡西二十六里
〃	江名	錦江		面ノ西端ヲ流ル
〃	川名	論山川		面ノ北西端ヲ廻流ス
〃	〃	江景川		面ノ南端ヲ流ル
〃	渡津名	佛岩津	부람나루	佛岩坪ニアル論山川ヲ渡リ石城ニ通ス
〃	市場名	江景市場		北村及越浦ノ二箇所ニアリ有名ナル大市アル
〃	浦口名	江景浦		北村外二十里ノ總称ナリ
〃	堤堰洑名	景 雲 洑		上江景洑坪ニアリ由来不祥今シ去ル四十六年前金鍾奎ナル者之ヲ重修シ 二十九年前方達周ナル者又之ヲ重修ス
〃	寺刹名	聳岩寺		北村王女峯下ニアリ今ヲ去ル約百年前梁寡婦ナル者アリ夫ニ別レ子ヲ喪ヒア無常ヲ感シ草庵ヲ營シテ佛ニ事フ後村民資ラ？シテ瓦葺トナシ稍寺院ノ体裁ヲ爲スニ至レリ
〃	古碑名	渼橋碑		景雲洑ノ傍ニアリ今ラ去ル百五十年前石雲山ナル者同志ト謀リテ渼橋ヲ架設シ之ヲ支那ニ通スル公路ト十セ

面名	種別	地名	諺文	備攷
				シモノニシテ碑文其事蹟ヲ記ス而モ今ハ變遷シテ田圃 ノ一小径ト爲リ了レリ
〃	土産名	櫛		製造戸數十三戸製産價額二千円
〃	洞里村名	北村		
〃	〃	上原里		
〃	〃	下原里		
〃	〃	倉前里		
〃	〃	西村		
〃	〃	塩村		
〃	〃	畓村		
〃	〃	江邉村		
〃	〃	中村		
〃	〃	越浦里		
〃	〃	石橋里		
〃	〃	山亭里		
〃	〃	并付里		
〃	〃	新場里		
〃	〃	虹橋里		
〃	〃	粉墨里		
〃	〃	竹墨里		
〃	〃	濟浦里		
〃	〃	畓垈里		
〃	〃	換垈里		

面名	種 別	地 名	諺 文	備 攷
〃	〃	上江里		
〃	〃	三巨里		
〃	〃	長串里		
彩雲面	山谷名	彩雲山		陽地里附近ニアリ彩雲鄕去郡三十三里
〃	酒幕名	城西酒幕	잣씌주막	城西里ニ在リ
〃	堤堰洑名	彩雲堤		新基里前ニ在リ由来不詳
〃	〃	土橋洑		土橋里ノ下ニ在リ由来不詳
〃	古蹟名所名	彩雲山		陽地里附近ニ在リ百濟義慈王遊覽ノ地ナリ
〃	〃	彩雲鄕		彩雲面ヲ指シタルモノナルベキモ其何故ニ古積名所ノ部ニ特記セシモノナルヤ不詳或ハ云フ百濟ノ代國王游覽地タル彩雲山ヲ保護スル爲番所ヲ山下ニ置キレコト在リ後李朝中世ニ至リ郡衙ノ位置ヲ此處ニ移セシコトアリ如此由来ノ下ニ古積ニ編入セシモノナランカ
〃	洞里村名	坪村		
〃	〃	沙浦里		
〃	〃	鵲村		
〃	〃	陽村		
〃	〃	堤內里		
〃	〃	城西里	잣씌	
〃	〃	城北里		

面名	種 別	地 名	諺 文	備 攷
〃	〃	洞村		
〃	〃	中內里		
〃	〃	獐東里		
〃	〃	獐西里		
〃	〃	獐中里		
〃	〃	觀山里		
〃	〃	新基里		
〃	〃	長巷里	벼락바위	
道谷面	堤堰洑名	道谷堤		今沙川堤土良堤ノ二ツニ兮ツ孰レモ土良里ニ在リ由来不詳
〃	〃	牛奇洑		禹基里ニ在リ由来不詳
〃	〃	熊田堤		草峴里ニ在リ由来不詳
〃	土産	鐵		熊田里附近ノ山中ニ産セシモ今殆ント廃ス
〃	洞里村名	草峴里	가다리	
〃	〃	新基里	싯터	
〃	〃	禹基里		
〃	〃	土良里		
〃	〃	深岩里		
〃	〃	陰地里		
〃	〃	梨花里		
〃	〃	上東里		
〃	〃	講堂里		
〃	〃	花亭里		

面名	種別	地名	諺文	備攷
〃	〃	厚洞		
〃	〃	柯枝洞		
〃	〃	熊田里		
〃	〃	泰洞		
〃	〃	新村		
〃	〃	稷村		
九子谷面	山谷名	蘇湖山		一名馬山馬山里ノ傍ニ在リ郡南十里山東有藥泉一名馬山
〃	堤堰洑名	紅洑	불근보	長登里ニ在リ彩雲面宋秉直ナル者本年三月創設ス
〃	〃	竹坪洑		竹坪里ニ在リ由来不詳
〃	〃	大石堤		大石里ニ在リ由来不詳
〃	古蹟名所名	蘇湖山		馬山里ノ傍ニアリ酔吟亭基跡在リト称スルモ今跡ヲ求ムル能ハズ藥泉アリ皮膚病ニ効アリ
〃	洞里村名	西村里		
〃	〃	火石里		
〃	〃	武洞		
〃	〃	馬山里		
〃	〃	竹坪里		
〃	〃	陽地里		
〃	〃	巣龍里		
〃	〃	長登里		
竹本面	山谷名	鷹峯山	미봉지	侍墓里ノ傍ニ在リ

面名	種　別	地　名	諺　文	備　攷
〃	堤堰洑名	柳等堤		旧防里ニアリタルモ今全リ廃ス
〃	酒幕名	三巨里酒幕		新防里ニ在リ
〃	洞里村名	新防里		
〃	〃	舊防里		
〃	〃	侍墓里		
〃	〃	書齊里		
〃	〃	東山里		
〃	〃	獨角里		
下豆面	山谷名	摩耶山	믜화산	今梅花山ト称ス磨磋里附近ニアリ郡南二十里鎮山
〃	〃	馬項山	말목산	笠店里附近ニ在リ
〃	川名	六谷川		面ノ中ヲ貫ク
〃	酒幕名	旺岩酒幕	왕바위	旺岩里ニ在リ
〃	古蹟名所名	摩耶山古城		梅花山中ニ在リ今頹廃ス
〃	〃	大井		梅花山中ニ在リ今殆ント埋沒ス
〃	〃	德恩堂		下豆面華岩里ニ在リタリト聞クモ今其ノ跡ヲ求ムル能ハズ但坂ハ德恩坂ノ名ヲ存ス
〃	寺刹名	念佛寺		摩耶山中ニ在リシト傳フルモ今其ノ跡ヲ求ムル能ハズ
〃	〃	淨土寺		仝
〃	土産名	柿		面全部ニ産ス形大核小ナルヲ以テ有名ナリ

面名	種別	地名	諺文	備攷
〃	〃	石灰		下豆面華岩里ニ産ス年中産額七百石
〃	洞里村名	野村		
〃	〃	柯陽洞		
〃	〃	斗崗里		
〃	〃	江淸里		
〃	〃	松亭里		
〃	〃	恩坪里		
〃	〃	旺岩里		
〃	〃	六閑里		
〃	〃	三白洞		
〃	〃	笠店里		
〃	〃	莘岩里		
〃	〃	磨磋里		
上豆面	山谷名	泰峯山		西楓里附近ニ在リ
〃	〃	佛明山		洞口里附近ニ在リ郡東三十三里自青山郡兜率山迤邐而至西本郡分爲三東佛明南卽北船若
〃	〃	牛項山		牛項里附近ニ在リ
〃	川名	六谷川		面ノ東部ヲ貫ク
〃	酒幕名	火橋酒幕	불탄다리	飛宗里ニ在リ
〃	堤堰洑名	瓮井堤		上豆面六谷里ニ在リ今廢頽ス
〃	寺刹名	雙溪寺		佛明山ニ在リ
〃	〃	金池寺		泰峯山ニ在リ今廢頽

面名	種 別	地 名	諺 文	備 攷
				ニ歸ス
〃	〃	普門寺		泰峯山ニ在リシト傳フルモ今ハ無シ
〃	古碑名	雙溪寺重建碑		雙溪寺境外ニ在リ德恩金樂魯換文魯城李華重書咸羅金樂祖篆同寺ノ火災ニ罹リタルカ爲寄付ヲ幕リテ再建セル旨ヲ記ス
〃	〃	梅竹堂墓碑		杜溪里ニ在リ德恩宋煥箕換安東金義淳書並篆成三問形セラレテ後其一肢ヲ徇示シ来タリテ此ニ葬ル碑其ノ事蹟ヲ記ス
〃	土産名	香蕎		長承里ニ産ス
〃	古蹟名所名	古德恩		六谷里ニ在リ元郡衙ノ基跡アリ
〃	洞里村名	六谷里	여술	
〃	〃	西楓谷里		
〃	〃	杜溪里	독점	
〃	〃	飛宗里		
〃	〃	陽村		
〃	〃	洞口里		
〃	〃	中山里		
〃	〃	柯亭里	가경지	
〃	〃	牛項里	쇠목	
〃	〃	蘆川里		
葛麻面	山谷名	梅溪山		梅溪里ニ在リ
〃	〃	孝子峯		咸積里ニ在リ

面名	種別	地名	諺文	備攷
〃	川名	論山川		面ノ東北端ヲ周リテ流ル
〃	堤堰洑名	屛岩洑		屛岩里ニ在リ由来不詳
〃	〃	菊洞堤		菊洞里ニ在リ由来不詳
〃	古蹟名所名	郷覽祠跡		咸積洞ニ在リ孝子姜應貞ヲ祀リタル祠ノ遺跡ナリ
〃	洞里村名	木谷里		
〃	〃	長沙里		
〃	〃	金洑里		
〃	〃	院村		
〃	〃	梅五里		
〃	〃	山老里		
〃	〃	坪村		
〃	〃	細洞		
〃	〃	菊洞		
〃	〃	華川里		
〃	〃	屛岩里		
〃	〃	咸積洞		
〃	〃	石西里		
〃	〃	梧嶺里		
〃	〃	高村		
〃	〃	華村		
可也谷面	山谷名	鳳凰山		鍾渕里附近ニ在リ
〃	川名	論山川		面ノ北端ヲ流ル

面名	種 別	地 名	諺 文	備 攷
〃	酒幕名	城德酒幕	셩겁들	城德里ニ在リ
〃	堤堰洑名	蕁坪洑		釣亭里ニ在リ由来不詳
〃	〃	城德洑		城德里ニ在リ由来不詳
〃	〃	梧里洞堤		鍾渕里ニ在リ由来不詳
〃	〃	小堤		干支洞ニ在リ由来不詳
〃	古蹟名所名	聚星堂		干支洞ニ在リト云フモ今其ノ跡ヲ求ムル能ハズ
〃	洞里村名	城德里	셩겁들	
〃	〃	所鳥里		
〃	〃	斗月里		
〃	〃	道潭里		
〃	〃	登里		
〃	〃	箭村	살포지	
〃	〃	旺盛洞		
〃	〃	釣亭里		
〃	〃	鐘渕里		
柗山面	酒幕名	望北里酒幕		望北里ニ在リ
〃	堤堰洑名	舊蓮堤		神防肇坪ニ在リタルモ今全ク廢頽ス
〃	〃	客望堤		東注院坪ニ在リタルモ今全ク廢頽ス
〃	洞里村名	冷井里		
〃	〃	校村		
〃	〃	山直村		
〃	〃	瓦也里		

面名	種 別	地 名	諺 文	備 攷
〃	〃	艮之洞		
〃	〃	龍臥洞		
大鳥谷面	市場名	邑內市		中里ニ在リ今殆ント廢ス
〃	酒幕名	邑內酒幕		中里ニ在リ
〃	堤堰洑名	客舍前堤		弘門里ニ在リ由来不詳
〃	〃	娚項院堤 (一名 水沈堤)		水沈坪ニ在リ由来不詳
〃	〃	池井堤		防箏里ニ在リ由来不詳
〃	古碑名	益城君墓碑		山直村ニ在リ在議政趙翼換議政府左參贊吳俊書益城君流竄ノ事蹟ヲ記ス
〃	土産名	蟹		水沈堤ニ産ス
〃	洞里村名	世被里		
〃	〃	栢楊洞		
〃	〃	場岩里		
〃	〃	防箏里	한싓	
〃	〃	兎峴里		
〃	〃	北門里		
〃	〃	中里	가온딕고샷	
〃	〃	蓮西里	옥거리	
〃	〃	弘門里		
花枝山面	山谷名	乾止山		竹岩里附近ニ在リ郡北二里市津在其西
〃	〃	般若山		仝 郡北七里
〃	〃	論山		半月里ニ在リ

面名	種 別	地 名	諺 文	備 攷
〃	川名	論山川		面ノ東北端ヲ周リテ流ル
〃	市場名	論山市		場代里ニ在リ
〃	浦口名	論山浦		場代里ニ在リ
〃	〃	花枝島		淙浦里ニ在リ今總テ陸地トナル
〃	寺刹名	灌燭寺		船若山ニ在リ
〃	古蹟名所名	恩津彌勒		灌燭寺境內ニ在リ
〃	古碑名	灌燭寺事蹟碑		灌燭寺境內ニ在リ安東權倫煥並書 恩津彌勒ノ由来ヲ記ス
〃	洞里村名	墨洞		
〃	〃	酒洞		
〃	〃	鷲岩里		
〃	〃	竹岩里		
〃	〃	灌燭里		
〃	〃	注浦里		
〃	〃	淙浦里		
〃	〃	場垈里	논미	
〃	〃	半月里	동촌	
花山面	山谷名	花山		石峴里附近ニ在リ
〃	酒幕名	院項酒幕	원목	野花里附近ニ在リ
〃	堤堰洑名	上里洑		上里ニ在リ由来不詳
〃	〃	花山洑		下里ニ在リ由来不詳
〃	〃	新村洑		新里ニ在リ本年三月野花里人民之ヲ創設ス

面名	種別	地名	諺文	備攷
〃	〃	ト地洑		中里ニ在リ由来不詳
〃	川名	論山川		面ノ西端ヲ流ル
〃	古蹟名所名	花山		其何故ニ古蹟名所ニ編入セシモノナルカ不詳目下ハ兀タルー秀峯ナリ
〃	洞里村名	笥村		
〃	〃	龍花里		
〃	〃	野花里		
〃	〃	山花里		
〃	〃	石峴里		
〃	〃	光橋里		
〃	〃	店村		
〃	〃	下新里		
城本面	山谷名	御床山		登里附近ニ在リ皇華山西南義慈王遊憩地故名
〃	〃	皇華山		登里附近ニ在リ市津距今郡治西十里山有大石平廣俯瞰津水號皇華臺世傳百濟義慈王遊宴
〃	〃	銅山		前谷附近ニ在リ郡西十里
〃	川名	論山川		面ノ西端ヲ流ル
〃	堤堰洑名	潛實堤		皇華山前ニ在リ由来不詳
〃	〃	馬渕堤		馬渕ニ在リ由来不詳
〃	洞里村名	雪橋里		

面名	種別	地名	諺文	備攷
〃	〃	義信洞		
〃	〃	去音谷里		
〃	〃	三巨里		
〃	〃	前谷里		
〃	〃	薑山里		
〃	〃	馬渕里		
〃	〃	海倉里		
〃	〃	登里		
〃	〃	竹谷里		
〃	〃	銅山里		
〃	〃	南山里		
〃	土産名	白玉石, 鐵, 竹箭		
〃	〃	銀口魚, 安息香		
〃	〃	白花蛇, 白魚		
〃	〃	葦魚, 秀魚		
〃	〃	鯽魚, 蟹, 柿		
〃	〃	白芍藥, 施覆花		
〃	〃	薄荷, 香薷		

8. 석성(石城)

面名	種 別	地 名	諺 文	備 攷
縣內面	山名	波鎭山		鳳頭里郡西四里山厓石壁如懸袴形或稱袴山
〃	〃	崑香山		浦沙里
〃	渡津名	鳳頭津	봉두졍나루	鳳頭里ニ在リ舊名ハ古多津
〃	洞里村名	倉里		
〃	〃	浦沙里	기사리	
〃	〃	鳳頭亭里		
〃	〃	泰北里		
〃	〃	塔洞里	탑골	
〃	〃	正覺里		
〃	〃	北堂里	북당리	
〃	〃	衙洞里	아골	
〃	〃	手泉里	슈쳔리	
〃	〃	蓮下里		
〃	〃	南山里		
〃	〃	陽村里	양촌리	
〃	堤堰洑名	蓮池里	연방축	蓮下里
〃	〃	第一茫池堰	쳣지방죽	南山里
〃	〃	第二茫池堰	둘지방죽	仝
〃	〃	倉里洑		倉里
〃	古蹟名所	波鎭山		山麓ニ小菴アリ田禹治ト云人常ニ屿所ニ讀書シ山神ヲ

面名	種別	地名	諺文	備攷
				リ秘訣神術ヲ受ケ得テ大ニ世ニ著ハル依テ其ノ名アリ
〃	〃	山城洞		奉北里ニ在リ三韓時代　ノ城蹟
〃	土産名	苧痲		
〃	〃	葦魚		
〃	〃	蟹		
〃	〃	秀魚		
〃	〃	河豚		
北面	山名	太祖山		正覺里郡西北九里諺傳百濟太祖来遊此山而以銀盃酌泉故仍以名焉而古井至今尚存
〃	〃	軍冠山		下禾里
〃	〃	國祀峰		路上里
〃	洞里村名	路上里		
〃	〃	路下里		
〃	〃	越境里		
〃	〃	塩倉里		
〃	〃	上禾里	윗숫골	
〃	〃	下禾里	아릐숫골	
〃	〃	上正里		
〃	〃	下正里		
〃	嶺峙峴名	白也峙	희엿지	路下里
〃	寺刹名	正覺菴		正覺里

面名	種　別	地　名	諺　文	備　攷
〃	古蹟名所	太祖峰		百濟太祖来遊ノ時銀盃ヲ以テ流泉ヲ酌三タリト云フ
〃	〃	軍蔵洞		唐将蘇定方ガ百濟國戰争ノ時此處ヘ駐屯スト云フ
〃	土産名	苧麻		
〃	〃	葦魚		
〃	〃	秀魚		
〃	〃	河豚		
曾山面	山名	曾山	시루메	甑山里
〃	川名	曾山川	시루메내	仝
〃	洞里村名	曾山里		
〃	〃	乾坪里		
〃	〃	宗北里		
〃	〃	蓮花里		
〃	酒幕名	飛仙街酒幕		乾坪里
〃	嶺峙峴名	梨峴	비고기	宗北里
碑堂面	山名	鳳凰山		玉山里
〃	〃	鵂山	부흥산	下里
〃	洞里村名	上里		
〃	〃	中里		
〃	〃	下里		
〃	〃	玉山里		
〃	堤堰洑名	順口坪洑		中里
院北面	野名	院明坪		壯上里

面名	種　別	地　名	諺　文	備　攷
〃	洞里村名	上里	장두골	
〃	〃	下葛里		
〃	〃	中里		
〃	〃	小竹里	딗씨	
〃	〃	上葛里	슴말	
〃	〃	缶山里	장구메	
〃	〃	下東里		
〃	〃	下西里		
〃	堤堰洑名	院前洑		壯上里
定止面	野名	海倉坪		中里
〃	〃	大接坪		仝
〃	洞里村名	上里		
〃	〃	冶洞	불무골	
〃	〃	中里		
〃	〃	下里		
〃	〃	花亭里		
〃	堤堰洑名	下里前洑		下里
〃	酒幕名	仙石酒幕	선돌주막	仙石里
三山面	洞里村名	新中里	싀고라실	
〃	〃	中里		
〃	〃	上里		
〃	〃	小下里		
〃	〃	大下里		
〃	〃	小長里		

面名	種　別	地　名	諺　文	備　攷
〃	〃	大長里		
〃	〃	五山里		
〃	〃	花亭里		
〃	堤堰洑名	新洑	신보	小下里
瓶村面	山名	月明山		大中里
〃	野坪名	木橋坪		盖尺里
〃	〃	釜浦坪		元宮里
〃	〃	潘池坪		仝
〃	渡津名	佛岩津		佛岩里
〃	洞里村名	盖尺里	기지	
〃	〃	元宮里		
〃	〃	小中里		
〃	〃	大中里		
〃	〃	西上里		
〃	〃	東上里		
〃	〃	佛岩里		
〃	嶺峙峴名	三峙	삼지	小中里
〃	酒幕名	佛岩酒幕		佛岩里
牛昆面	山名	月外山		月外里
〃	〃	斧山	도치산	書堂洞
〃	洞里村名	上里		
〃	〃	浦田里		
〃	〃	月外里	다르메	
〃	土産名	苧, 葦魚, 蟹		

面名	種 別	地 名	諺 文	備 攷
〃	〃	秀魚, 鯽魚		
〃	〃	河豚, 安息香		
〃	〃	半夏		

9. 임천(林川)

面名	種 別	地 名	諺 文	備 攷
東邉面	山谷名	聖輿山	산셩	東邉面 郡內後
〃	〃	錦城山	금살메	仝 郡內前
〃	〃	老亀山	노구산	仝 細洞里後
〃	〃	嶺南山	영남산	仝 立石里後
〃	市場名	邑內市	읍닉장	仝 郡內
〃	野坪名	五里亭野	오리졍들	仝 仝
〃	〃	立石野	닙셕들	仝 立石里前
〃	浦口名	七山浦	칠산포	仝 七山里前
〃	堤堰洑名	蓮堤	연방쥭	仝 旧校里前
〃	〃	立石洑	닙셕보	仝 立石里前
〃	〃	七山洑	칠산보	東邉面 七山里前
〃	寺刹名	大鳥寺	딕조사	仝 旧校里後
〃	土産名	米	쌀	
〃	〃	麥	보리	
〃	〃	太	콩	
〃	〃	豆	팟	
〃	江川溪澗名	壷裡洞溪	호리동세닉	仝 郡內後
〃	洞里村名	観音里	관음리	
〃	〃	石沙里	셕사리	
〃	〃	郡司里	군ᄉᆞ리	
〃	〃	貫革里	관혁리	
〃	〃	王北里	옥북리	
〃	〃	氷庫里	빙고리	

面名	種 別	地 名	諺 文	備 攷
〃	〃	旧校里	향괴굴	
〃	〃	加林里	가림리	
〃	〃	細洞里	간은골	
〃	〃	鸛洞里	한싀울	
〃	〃	立石里	민머루	
〃	〃	瓦宗里	와종리	
〃	〃	七山里	칠산리	
〃	酒幕名	五里亭店	오리졍주막	仝 旧校里前
〃	嶺峙峴名	漢峙	한ᄉᆞ기	仝 觀音里右
〃	〃	松峙	솔ᄉᆞ기	東邉面 観音里前
〃	〃	德峙	덕ᄉᆞ기	仝 細洞里後
〃	城堡名	山城	산셩	仝 郡内後聖興山中
豆谷面	野坪名	弓坪	궁들	豆谷面 寺洞前
〃	土産名	米	쌀	
〃	〃	麥	보리	
〃	〃	太	콩	
〃	〃	豆	팟	
〃	洞里村名	寺洞里	졀골	
〃	〃	北洞里	북동리	
〃	〃	羅山里	나루메	
〃	〃	南星里	남셩굴	
〃	酒幕名	玄浦店	거멉기주막	仝 寺洞里前
草洞面	山谷名	大興山	ᄃᆡ흥산	草洞面 寺洞里後
〃	江川溪澗名	言介川	언기니	仝 東神里前

面名	種 別	地 名	諺 文	備 攷
〃	野坪名	弓坪	궁들	仝 牛山里前
〃	渡津名	多根里津	다근이나루	仝 下大里前
〃	嶺峙峴名	德峴	덕ᄭᅩᆡ	仝 東神里後
〃	〃	言開峴	언ᄀᆡ고ᄀᆡ	仝 仝
〃	土産名	米	쌀	
〃	〃	麥	보리	
〃	〃	豆	팟	
〃	〃	太	콩	
〃	〃	葦魚	위어	
〃	洞里村名	東神里	동곡	
〃	〃	寺洞里	仝	
〃	〃	所山里	비메	
〃	〃	牛山里	소미	
〃	〃	靑龍里	청용굴	
〃	〃	艮里	간리	
〃	〃	上大里	힝질아릐	
〃	〃	下大里	다근이	
新里面	野坪名	宗坪	미루들	新里面 幾層里前
〃	江川溪澗名	裡郊川	속들ᄂᆡ	仝 古秋里前
〃	池名		이목굴못	仝 上松里前
〃	土産名	米	쌀	
〃	〃	麥	보리	
〃	〃	太	콩	
〃	洞里村名	上松里	위시말	

面名	種 別	地 名	諺 文	備 攷
〃	〃	下松里	아릐시말	
〃	〃	古秋里	고추골	
〃	〃	幾層里	기층리	
〃	〃	水多海里	무란바듸	
仁義面	山谷名	鳳凰山	부엉산	仁義面 中山里右 郡南十里
〃	〃	初谷	쳣골	仝 長土里後
〃	渡津名	黃山津	황산나루	仝 洪哥洞前
〃	堤堰洑名	中山洑	즁산보	仝 中山里前
〃	〃	新岩堤	시남골방죽	仝 長土里後
〃	嶺峙峴名	堂峙	당지	仝 洪哥洞後
〃	土産名	米	쌀	
〃	〃	麥	보리	
〃	〃	鯉魚	이어	仝
〃	〃	葦魚	위어	仝
〃	〃	宗魚	죵어	仁義面 洪哥洞後
〃	〃	芦	갈	
〃	洞里村名	長土里	장쏙씨	
〃	〃	洪佳洞	홍기굴	
〃	〃	檜花亭里	회화졍리	
〃	〃	言古介里	언고기	
〃	〃	中山里	즁산이	
世道面	江川溪澗名	新江	시강	世道面 敀德里
〃	堤堰洑名	前橋洑	압다리보	仝 桂陽里前

面名	種 別	地 名	諺 文	備 攷
〃	〃	雁津洑	안기보	仝 菁浦里左
〃	嶺峙峴名	楡哥峙	유가울지	仝 楡哥洞右
〃	土産名	米	쌀	
〃	〃	麥	보리	
〃	〃	豆	팟	
〃	〃	太	콩	
〃	〃	葦魚	위어	仝 桂陽里後
〃	〃	宗魚	죵어	仝
〃	〃	鯉魚	이어	世道面 桂陽里後
〃	洞里村名	旼德里	규덕이	
〃	〃	桂陽里	망기	
〃	〃	菁浦里	청어맛	
城北面	山谷名	珠城山	주셩산	城北面 店里後
〃	洞里村名	店里	졈꿀	
〃	〃	土寺里	쇼왕굴	
〃	〃	紙匠里	지장굴	
〃	酒幕名	玄溪店	검지늬주막	仝 前
〃	嶺峙峴名	間峙	한고기	仝
〃	〃	梨木峙	비남졍이고기	仝 後
白岩面	渡津名	頒詔院津	반죠원진	白岩面 頒詔院里前
〃	野坪名	林川坪	임쳔들	仝 後
〃	土産名	宗魚	죵어	仝 前
〃	〃	葦魚	위어	仝
〃	〃	河豚	복쟝이	仝

面名	種 別	地 名	諺 文	備 攷
〃	〃	首魚	수어	仝
〃	〃	米	쌀	
〃	〃	麥	보리	
〃	〃	豆	팟	
〃	〃	太	콩	
〃	〃	菉豆	녹두	
〃	洞里村名	頒詔院里	반조원이	
〃	〃	山寺里	산ᄉᆞ리	
〃	〃	花樹里	화진긔	
〃	〃	沙浪里	ᄉᆞ랑굴	
〃	酒幕名	頒詔院里店	반조원주막	白岩面 頒詔院里前
南山面	渡津名	鳳頭亭津	봉두졍나루	南山面 下黃里
〃	〃	斗岩津	두럼이나루	仝 長亭里
〃	土産名	米	쌀	
〃	〃	麥	보리	
〃	〃	豆	팟	
〃	〃	太	콩	
〃	洞里村名	上黃里	왕임리	
〃	〃	下黃里	누른다리	
〃	〃	蝦谷里	쇄야골	
〃	〃	長亭里	장졍	
〃	〃	塔里	탑리	
〃	〃	後浦里	후포리	
內洞面	渡津名	場岩津	맛바위나루	內洞面 場岩里

面名	種 別	地 名	諺 文	備 攷
〃	土産名	米	쌀	
〃	〃	麥	보리	
〃	〃	豆	팟	
〃	〃	太	콩	
〃	洞里村名	北皐里	뒤굴리	
〃	〃	亭子洞	안골	
〃	〃	場岩里	맛바위	
〃	〃	樹作里	수작골	
北邉面	浦口名	九龍浦	굴엉기	北邉面 閤下里
〃	嶺峙峴名	驛峙嶺	역틔고기	仝
〃	〃	梨峴嶺	비야고기	仝 元門里
〃	酒幕名	山東里店	뒤둑이주막	仝 山東里
〃	洞里村名	石隅里	골멀우	
〃	〃	山東里	산동리	
〃	〃	元門里	원문리	
〃	〃	閤下里	합ᄒᆞ리	
〃	〃	上谷里	상곡리	
〃	〃	驛里	역말	
朴谷面	嶺峙峴名	猫峙	머티	朴谷面 仇里谷里
〃	酒幕名	高場里店	놉픈마당이주막	仝 店上里
〃	洞里村名	地境里	지경장터	
〃	〃	九里谷里	구리곡	
〃	〃	少年洞	소년동	
〃	〃	晩智洞	만지울	

面名	種 別	地 名	諺 文	備 攷
〃	〃	店上里	졈상리	
八忠面	山谷名	老姑山	노고산	八忠面 上支里後
〃	野坪名		고장들	仝 下天里前
〃	〃	長橋坪	진다리들	仝 福深里前
〃	嶺峙峴名	馬駕峴	마가고기	仝 上支里後
〃	土産名	米	쌀	
〃	〃	麥	보리	
〃	洞里村名	上支石里	갈마골	
〃	〃	下支石里	고인들	
〃	〃	上天里	표뜸	
〃	〃	中天里	즁뜸	
〃	〃	下天里	추원골	
〃	〃	水鐵里	무쇠졈	
〃	〃	下金里	믹ᄒᆞ실	
〃	〃	福深里	김학굴	
〃	〃	上金里	은골	
〃	〃	下馬里	말틔	
〃	〃	上馬里	덕임골	
〃	〃	堂洞里	텃골	
可化面	山谷名	石泉峰山	셕쳔봉산	可化面 壯子洞左
〃	〃	天燈山	쳔등산	仝 青燈里後
〃	〃	方木谷	방목골	仝 龍洞里後
〃	嶺峙峴名		수리남이고기	仝 玄眉里左
〃	寺刹名	五德寺	오덕졀	仝 下水里後

面名	種 別	地 名	諺 文	備 攷
〃	古績名所名	御筆閣	어필각	仝
〃	土産名	米	쌀	
〃	〃	麥	보리	
〃	洞里村名	玄眉里	현미	
〃	〃	靑燈里	쳥등이	
〃	〃	水深里	슈담	
〃	〃	莊子洞	틔봉	
〃	〃	時南里	시남이	
〃	〃	馬釵里	마차실	
〃	〃	龍洞里	용골	
〃	〃	金南里	병목안	
〃	〃	葛胎里	갈틔	
洪化面	山谷名	鰲山	오산	洪化面 五田里後
〃	〃	鴛鴦山	원당산	仝 元洞里後
〃	野坪名	廣大坪	광디들	仝 月隱里前
〃	〃	船繫坪	비미들	仝 松亭里前
〃	土產名	米	쌀	
〃	〃	麥	보리	
〃	〃	豆	팟	
〃	〃	太	콩	
〃	江川溪澗名	嶌橋川	학다리니	洪化面 月隱里前
〃	洞里村名	五田里	오밧	
〃	〃	松亭里	송졍이	
〃	〃	碧龍里	벽절	

面名	種 別	地 名	諺 文	備 攷
〃	〃	月隱里	셜졍이	
〃	〃	元洞里	말우골	
〃	〃	水原里	수원골	
〃	酒幕名	間樂岩	갓나빠위	洪化面 月隱里前
上芝面	山谷名	三星山	삼셩산	上芝面 時音里後
〃	〃	燈耿山	둘어기산	仝 上村里後
〃	野坪名	福年坪	복년들	仝 前
〃	土産名	米	쌀	
〃	〃	麥	보리	
〃	〃	太	콩	
〃	洞里村名	上村里	상촌	
〃	〃	橋項里	짐말	
〃	〃	古邑里	곱줄	
〃	〃	浦村里	아릐말	
〃	〃	時音里	실음기	
〃	酒幕名	橋項店	다릐목주막	上芝面 橋項里前
大洞面	山谷名	元堂山	원당산	大洞面 元堂里
〃	〃	望拜山	망비산	仝 內項里
〃	〃	沙勒山	거친산	仝
〃	〃	四塘山	사당산	仝 木樹里
〃	市場名	笠浦市	갓씨장	仝 笠浦里
〃	浦口名	笠浦	갓씨	仝
〃	堤堰洑名	元堂洑	원당보	仝 元堂里
〃	〃	富興洑	부흥보	仝 笠浦里

面名	種 別	地 名	諺 文	備 攷
〃	嶺峙峴名	狐峴	여호고기	仝 內項里
〃	〃	岩室峴	암실고기	仝 木樹里
〃	〃	華陽嶺	화양지	大洞面
〃	土産名	米	쌀	
〃	〃	麥	보리	
〃	〃	太	콩	
〃	洞里村名	內項里	황골	
〃	〃	檢城里	금셩구지	
〃	〃	元堂里	원당이	
〃	〃	木樹洞	빈널	
〃	〃	元山里	원산이	
〃	〃	犬岩里	가야위	
〃	〃	上笠浦里	위갓기	
〃	〃	下笠浦里	아릐갓기	
積良面	山谷名	甑山	시루산	積良面 赤良里
〃	〃	雩祭山	무제산	仝 草洞里
〃	野坪名	金富興野	김부흥들	仝 足橋里
〃	堤堰洑名	蓼山洑	역구산보	仝
〃	土産名	米	쌀	
〃	〃	麥	보리	
〃	〃	豆	팟	
〃	〃	太	콩	
〃	洞里村名	足橋里	역구산	
〃	〃	赤良里	용머리	

面名	種 別	地 名	諺 文	備 攷
〃	〃	草洞里	ᄉᆡ울	
〃	〃	五松里	오송ᄃᆡ	
〃	〃	旺洞里	왕골	
〃	嶺峙峴名	外鬪覽峴	외투람이ᄌᆡ	積良面 足橋里
〃	〃	黃狗峴	루른기ᄌᆡ	仝 草洞里
紙谷面	渡津名	南塘津	남당나루	紙谷面 南塘里
〃	野坪名	射弓坪	사궁들	仝 草洞里
〃	浦口名	南塘浦	남당포	仝 南塘里
〃	〃	松亭浦	송졍포	仝 松亭里
〃	酒幕名	田巨嶺酒幕	젼거령주막	仝 南塘里
〃	堤堰洑名	松亭洑	송졍보	仝 飛洞里
〃	嶺峙峴名	梨峴	비야고ᄀᆡ	仝 內洞里
〃	土産名	米	쌀	
〃	〃	麥	보리	
〃	〃	豆	팟	
〃	〃	太	콩	
〃	洞里村名	王谷里	옥실	
〃	〃	検神里	검신	
〃	〃	加羅里	조실	
〃	〃	塔里	즈지	
〃	〃	松逸里	초일	
〃	〃	南塘里	남당이	
〃	〃	松亭里	송졍이	
〃	〃	飛洞里	비동이	

面名	種 別	地 名	諺 文	備 攷
〃	〃	內洞里	닉동	
〃	〃	草洞里	부엉메	
〃	〃	達山里	미산골	
西邉面	野坪名	九鼎坪	구졍다리들	西邉面 鉢山里
〃	堤堰洑名	灰堤	회제	仝 院隅里
〃	酒幕名	狗項店	기목실주막	仝
〃	土産名	米	쌀	
〃	〃	麥	보리	
〃	〃	豆	팟	
〃	〃	太	콩	
〃	洞里村名	鉢山里	바랏	
〃	〃	万隅里	만머리	
〃	〃	社山里	사산	
〃	〃	院隅里	사틱말	
〃	土産名	苧, 陶器, 白魚		
〃	〃	葦魚, 魚鰾		
〃	〃	石首魚, 蝦		
〃	〃	白花蛇, 安息香		
〃	〃	地黃		

10. 한산(韓山)

面名	種 別	地 名	諺 文	備 攷
北部面	山谷名	乾止山	건지산	內西里郡西一里即鎭山
〃	〃	鷲峰山	축봉산	童子里郡南五里
〃	嶺峙峴名	赤峴	젹현	校村里
〃	〃	日光峴	일광지	童子里(東下面等上里ニ亘ル)
〃	城堡名	乾止山城	건지산셩	山城里
〃	〃	邑城	읍셩	邑內
〃	堤堰洑名	耳土堤	븜바위방축	扉岩里(今畓)由来不詳
〃	〃	蓮堤	연방축	內下里(今畓)由来不詳
〃	〃	枯村堤	이울방축	枯村里(今畓)由来不詳
〃	〃	盖谷堤	동자방축	童子里(今畓)由来不詳
〃	寺刹名	鳳棲菴	봉셔암	山城里
〃	野坪名	鴨野	오리아리	外下里
〃	古蹟名	石塔	셕탑	內西里　高麗時代蕭寺遺物
〃	洞里村名	內上里	닉상리	
〃	〃	內下里	닉ᄒᆞ리	
〃	〃	內西里	셔문안	
〃	〃	西外里	셔문밧	
〃	〃	山陰里	음지편	
〃	〃	校村里	향교골	

面名	種 別	地 名	諺 文	備 攷
〃	〃	山城里	산셩안	
〃	〃	外上里	외상리	
〃	〃	外下里	외ᄒᆞ리	
〃	〃	由山里	유산	
〃	〃	童子里	동자북	
〃	〃	扁岩里	븜바위	
〃	〃	枯村里	이울	
〃	〃	竹洞里	딕실	
〃	〃	種芝里	종지울	
〃	〃	新洞里	식터	
東上面	山谷名	月城山	월셩산	杻山里
〃	堤堰洑名	余士堤	여사방축	余士里由来不詳
〃	〃	槐花堤	라교방축	羅橋里由来不詳
〃	〃	冬至堤	동지방축	冬至里由来不詳
〃	〃	杻山堤	싸리뫼방축	杻山里(今畓)由来不詳
〃	〃	烏谷洑	오곡보	烏谷里由来不詳
〃	〃	丹下洑	단ᄒᆞ보	丹下里由来不詳
〃	野坪名	長波坪	장파들	烏谷里
〃	〃	丹亭坪	단정평	丹上里
〃	〃	余士坪	여사평	余士里
〃	〃	羅橋坪	라다리평	羅橋里
〃	江川溪澗名	羅橋川	라다리닉	仝
〃	〃	松中川	솔뫼닉	松中里

面名	種 別	地 名	諺 文	備 攷
〃	酒幕名	間樂店	간악바위쥬막	院山里
〃	〃	東面橋店	동면다리쥬막	松林里
〃	洞里村名	松林里	송님골	
〃	〃	杻山里	싸리뫼	
〃	〃	杻東里	츅동리	
〃	〃	松上里	솔뫼	
〃	〃	松中里	송즁리	
〃	〃	松下里	송ᄒᆞ리	
〃	〃	烏谷里	가그말	
〃	〃	丹上里	단상리	
〃	〃	丹下里	단ᄒᆞ리	
〃	〃	丹中里	단즁리	
〃	〃	丹西里	단셔리	
〃	〃	兎山里	톳뫼	
〃	〃	綠楊里	녹양리	
〃	〃	渴馬里	갈마뫼	
〃	〃	冬至里	동지뫼	
〃	〃	羅橋里	라다리	
〃	〃	余士里	여사지	
〃	〃	鬼谷里	귀곡리	
〃	〃	院山里	원뫼	
〃	〃	也仁里	야인골	
〃	〃	新谷里	신골	
東下面	山谷名	日光山	일광산	九洞里

面名	種 別	地 名	諺 文	備 攷
〃	〃	霽月峰	제월봉	光生里
〃	〃	鳳凰山	봉황산	龍頭里
〃	嶺峙峴名	日光峴	일광지	等上里(北部面 童子里ニ亘ル)
〃	渡津名	竹山津	듸뫼나루	竹山里
〃	〃	新城津	신셩리나루	新城里
〃	浦口名	上之浦	상지기	仝
〃	〃	朽浦	후기	新厚里
〃	堤堰洑名	元衡堤	월영방축	月令里(今畓)由来不詳
〃	〃	花村洑	화촌보	花村里由来不詳
〃	〃	新城洑	신셩리보	新城里由来不詳
〃	江川溪澗名	竹津江	듸뫼강	竹山里
〃	野坪名	望浦坪	망기평	羅栗里
〃	〃	德龍坪	덕용평	龍頭里
〃	酒幕名	橋項店	다리목쥬막	下西里
〃	〃	新城店	신셩리쥬막	新城里
〃	洞里村名	光生里	광싱리	
〃	〃	等上里	등츌리	
〃	〃	等下里	등하리	
〃	〃	花村里	화촌	
〃	〃	羅栗里	라률	
〃	〃	新泉里	신쳔	
〃	〃	月令里	월영	
〃	〃	竹山里	듸뫼	

面名	種別	地名	諺文	備攷
〃	〃	新厚里	후기	
〃	〃	下西里	ᄒᆞ셔리	
〃	〃	下東里	ᄒᆞ동리	
〃	〃	上東里	상동리	
〃	〃	龍頭里	용머리	
〃	〃	新成里	신셩리	
〃	〃	花山里	화산리	
〃	〃	溫洞里	온슈골	
〃	〃	九洞里	구슈동	
南下面	山谷名	漁城山	어셩산	活洞利
〃	〃	三峰山	삼봉산	瓦草里
〃	〃	鷄岾山	계졈산	大上里郡南五里
〃	〃	圓山	원산	浦元里郡南十里石炭々礦アリ
〃	嶺峙峴名	箕峴	치울지	箕山里
〃	〃	門来峴	문릐고지	圓峰里
〃	渡津名	浦元津	도리뫼나루	浦元里
〃	〃	瓦草津	지싀울나루	瓦草里
〃	浦口名	瓦浦	지싀울	仝
〃	〃	岐浦	기럼지	岐浦里
〃	堤堰洑名	安保堤	안보방축	安保里(今畓)由来不詳
〃	〃	錢子堤	광현방축	光峴里(今畓)由来不詳
〃	〃	多古洑	다오기보	多古里由来不詳

面名	種　別	地　名	諺　文	備　攷
〃	〃	浦元洑	도리뫼보	浦元里由来不詳
〃	江川溪澗名	鎭江	진강	瓦草里
〃	野坪名	瓦草坪	지싀울들	仝
〃	〃	岐浦坪	기럼긔들	岐浦里
〃	酒幕名	活洞店	활동쥬막	活洞里
〃	古碑名	神道碑	신도비	光峴里　古稼亭李先生穀ノ神道文
〃	洞里村名	光峴里	빗고긔	
〃	〃	雙岩里	쌍암	
〃	〃	瓢洞里	표동	
〃	〃	長谷里	쟝곡	
〃	〃	九龍里	구룡막	
〃	〃	秋上里	츄상리	
〃	〃	浦元里	도리뫼	
〃	〃	陸元里	뭇도리뫼	
〃	〃	多古里	다오긔	
〃	〃	安保里	안방리	
〃	〃	文村里	문말	
〃	〃	瓦草里	지싀울	
〃	〃	岐浦里	기럼긔	
〃	〃	完吉里	관길	
〃	〃	閒谷里	흔암	
〃	〃	箕山里	치울지	
〃	〃	圓峰里	두리지	

面名	種　別	地　名	諺　文	備　攷
〃	〃	大下里	용당리	
〃	〃	大上里	흔져울	
〃	〃	活洞里	어은골	
〃	〃	秋下里	츄하리	
〃	土産名	石炭	셕탄	浦元里圓山ニアリ
南上面	山谷名	鷄鳴山	닥뫼산	望川里
〃	〃	虎山	븜뫼산	新基里
〃	〃	鳴皷山	명고지산	今北里
〃	嶺峙峴名	公須峙	공슈고기	新基里
〃	渡津名	望月津	망월리나루	新牙里
〃	〃	叻德津	공덕산나루	長上里
〃	浦口名	芽浦	아포	新牙里
〃	堤堰洑名	公湏堤	고슈고기방축	昌外里由来不詳(今畓)
〃	〃	叩馬洑	고마뫼보	叩馬里由来不詳
〃	〃	長上堤	장상방츅	長上里由来不詳
〃	〃	望川洑	망쳔보	望川里由来不詳
〃	〃	農所洑	농소보	農所里由来不詳
〃	〃	船所洑	션소보	船所里由来不詳
〃	野坪名	望川坪	망쳔평	望川里
〃	〃	忠勳府坪	츙훈부평	農所里
〃	〃	新牙坪	신아평	新牙里
〃	〃	船所坪	션소평	船所里
〃	〃	元村坪	원쵼평	長上里

面名	種　別	地　名	諺　文	備　攷
〃	〃	琴塘坪	금당평	今北里
〃	〃	南村坪	남촌평	昌外里
〃	酒幕名	望月店	망월쥬막	新牙里
〃	江川溪澗名	鎭江	진강	仝
〃	洞里村名	望川里	망천리	
〃	〃	新基里	시터	
〃	〃	昌外里	남촌	
〃	〃	今北里	금북리	
〃	〃	今下里	금ᄒᆞ리	
〃	〃	叩馬里	고마뫼	
〃	〃	長上里	원촌	
〃	〃	船所里	션소	
〃	〃	新牙里	신아포	
〃	〃	農所里	농소	
〃	〃	鷴巖里	한암	
西下面	山谷名	麒麟山	기린산	永慕里郡西五里
〃	〃	崇井山	슝졍산	崇井里
〃	〃	華陽山	화양산	驛村里
〃	〃	王女峰	옥녀봉	辛山里
〃	嶺峙峴名	崇井堤	슝졍방축	崇井里由来不詳(今畓)
〃	〃	猪仇乎堤	신상방축	辛山里由来不詳(今畓)
〃	〃	開谷堤	역말방축	驛村里由来不詳(今畓)

面名	種 別	地 名	諺 文	備 攷
〃	〃	吉山洑	길뫼보	吉山里由来不詳
〃	〃	沙川洑	사쳔보	院洞里由来不詳
〃	〃	內山洑	닉산보	內山里由来不詳
〃	野坪名	高山坪	고산뫼들	月浦里
〃	〃	廣海坪	광히평	吉山里
〃	〃	大川坪	딕쳔들	院洞里
〃	浦口名	鎭浦	진기	吉山里
〃	〃	月浦	달기	月浦里
〃	酒幕名		두집믜쥬막	吉山里
〃	古碑名	神道碑	신도비	永慕里古牧隱李先生穡ノ神道文
〃	洞里村名	內山里	안산어말	
〃	〃	外山里	밧산어말	
〃	〃	月浦里	월포	
〃	〃	外北里	외북	
〃	〃	內北里	닉북	
〃	〃	外南里	외남	
〃	〃	內南里	닉남	
〃	〃	內東里	닉동	
〃	〃	辛山里	신산	
〃	〃	院洞里	원동	
〃	〃	驛村里	역말	
〃	〃	黃寺里	누운졀	
〃	〃	冠洞里	갓졈	

面名	種 別	地 名	諺 文	備 攷
〃	〃	永慕里	영모리	
〃	〃	崇井里	슝정리	
〃	〃	吉山里	길뫼	
西上面	山谷名	将軍峰	장군봉	幕洞里
〃	嶺峙峴名	立馬峙	젼말지	仝
〃	〃	可臘峙	가랍지	水出里
〃	堤堰洑名	軍介洑	군기보	幕洞里由来不詳
〃	〃	沙洑	모릐보	月川里由来不詳
〃	〃	梨寺洑	비절보	梨北里由来不詳
〃	野坪名	長機坪	진트리들	幕洞里
〃	〃	沙甲坪	사갑들	月川里
〃	〃	古之坪	고지평	梨南里
〃	酒幕名	三岐店	세거리쥬막	三岐里
〃	〃	溫公店	온공쥬막	溫公里
〃	江川溪澗名	軍介川	군기닉	幕洞里
〃	洞里村名	梨南里	이남	
〃	〃	梨北里	이북	
〃	〃	三岐里	세거리	
〃	〃	月川里	월천	
〃	〃	幕洞里	막골	
〃	〃	加佐里	가좌울	
〃	〃	水出里	문압골	
〃	〃	溫公里	온공졀	
〃	〃	陽地里	양지편	

面名	種 別	地 名	諺 文	備 攷
上北面	山谷名	馬駕山	마가산	隱寂里
〃	嶺峙峴名	珠峴	구실지	碧梧里
〃	〃	曲峴	고부앙지	軍干里
〃	江川溪澗名	鷰岩川	졔비바위닉	碧梧里
〃	酒幕名	羅弓店	라궁쥬막	羅弓里
〃	〃	所也店	소야쥬막	所也里
〃	〃	雪月店	셜월쥬막	雪月里
〃	野坪名	大川坪	딕쳔들	陰山里
〃	洞里村名	隱寂里	은젹골	
〃	〃	軍干里	군간뫼	
〃	〃	羅弓里	라궁	
〃	〃	八芝里	팔지	
〃	〃	大浦里	딕포리	
〃	〃	陰山里	음산	
〃	〃	毛角里	모각골	
〃	〃	仙洞里	션역골	
〃	〃	九禮里	구례말	
〃	〃	冠村里	관촌	
〃	〃	陽村里	양촌	
〃	〃	葛勿里	갈물	
〃	〃	碧梧里	벽오소	
〃	〃	所也里	소야리	
〃	〃	雪月里	셜월리	
〃	〃	新月里	신월리	

面名	種 別	地 名	諺 文	備 攷
下北面	山谷名	月明山	월명산	月明里郡北十一里
〃	〃	石泉峰	셕천뫼	加陽里
〃	〃	屯陳峰	둔진봉	仝
〃	〃	馬鳴山	마명산	馬鳴里
〃	野坪名	孤石坪	고셕골평	仝
〃	〃	馬橋坪	마교평	加陽里
〃	〃	西南坪	셔람평	仝
〃	〃	會盤坪	회반들	長牙里
〃	〃	甫江坪	보강들	安民里
〃	嶺峙峴名	盘松峴	반송졍고기	搭洞里
〃	〃	懸峴	다른고기	新場里
〃	江川溪澗名	孤石澗	고셕골닉	月明里
〃	市場名	新場	싀장	新場里
〃	酒幕名	由道岩店	유도암쥬막	新里里
〃	〃	馬橋店	말다리쥬막	加陽里
〃	〃	新場店	싀장터쥬막	新場里
〃	〃	馬池店	말못골쥬막	馬池里
〃	洞里村名	月明里	월명	
〃	〃	九時里	구시	
〃	〃	塔洞里	탑동	
〃	〃	西峰里	셔봉골	
〃	〃	新里	싀말	
〃	〃	新場里	싀장터	
〃	〃	長牙里	장아트리	

面名	種 別	地 名	諺 文	備 攷
〃	〃	筆堂里	필당	
〃	〃	安民里	안민	
〃	〃	店村里	졈촌	
〃	〃	馬池里	말못골	
〃	〃	馬鳴里	마명리	
〃	〃	嘉陽里	가양골	
〃	〃	虛門里	허문리	
〃	〃	尭谷里	요골	
〃	堤堰洑名	馬池堤	말못골방축	馬池里(今畓)由来不詳
〃	土産名	苧, 白魚, 洪魚		
〃	〃	石首魚, 秀魚		
〃	〃	葦魚, 鱸魚		

11. 서천(舒川)

面名	種 別	地 名	諺 文	備 攷
東部面	山谷名	東台山	동틔뫼	東部面 東古里
〃	市場名	大雉市	딕치장테	仝 仝 刱設及廢止年代不明ナリ
〃	渡津名	功德津	공덕산나루	仝 新里
〃	〃	望月津	망월리나루	仝 新基里
〃	堤堰洑名	於里堤	느리메방둑	仝 於里 本ト瀦水池ヲ以テ開國四百八十七年ニ忠淸監司李明應起墾シ隆熙二年ニ國有地ニ編入ス本年ニ於テ更ニ瀦水池トシテ修築ナリ
〃	〃	牙浦堤	응기방둑	東部面 牙浦里 本ト瀦水池ヲ以テ開國五百一年ニ本川居李啓夏起墾シ光武四年ニ國有地ニ編入ス
〃	〃	三連堤	삼연니방둑	東部面 三連里 本ト瀦水池ヲ以テ開國四百九十六年ニ保寧居申庸善起墾シ光武四年ニ國有地ニ編入ス
〃	〃	新里堤	신니방둑	東部面 新里 本ト瀦水池ヲ以テ自今三十餘年前ニ本邑居羅奭均起墾シ隆熙二年ニ國有地ニ編入ス
〃	〃	從中浦洑	종듕기보	東部面 院內里 刱設年代ハ不明ナリ現ニ農民ヨリ秋成後築洑瀦水シ農時渷漑ス
〃	土産名	米	쌀	各里共

面名	種 別	地 名	諺 文	備 攷
〃	〃	大麥	것보리	仝
〃	〃	小麥	밀	仝
〃	〃	裸麥	쌀보리	仝
〃	〃	大豆	콩	仝
〃	〃	小豆	팟	仝
〃	洞里名	洪德里		
〃	〃	新里		
〃	〃	白岩里	흰바위	
〃	〃	三淵里	용아실	
〃	〃	長先里		
〃	〃	竹林里		
〃	〃	牙浦里	응기	
〃	〃	毛軍里		
〃	〃	大汗里	본으지	
〃	〃	道三里		
〃	〃	東古里	동고기	
〃	〃	中里	딕동메	
〃	〃	於里	느리메	
〃	〃	新基里	싀터	
〃	〃	院內里	원안	
〃	〃	山北里	산듸	
〃	酒幕名	大汗店	기머리듀막	東部面 大汗里
〃	〃	從中浦店	동즁기듀막	仝 院內里
〃	〃	東古店	동고기듀막	仝 東古里

面名	種 別	地 名	諺 文	備 攷
〃	嶺峙峴名	狐嶺	여호고기	仝 山北里
馬吉面	山谷名	南台山	딕메	馬吉面 屈巷里
〃	渡津名	龍塘津	용당이나루	仝 龍塘里
〃	〃	新里津	두무치나루	仝 新里
〃	〃	小峙津	소치나루	仝 元毛里
〃	堤堰洑名	水餘堤	순방둑	仝 屈巷里 本ト瀦水池ヲ以テ開國四百八十九年三月日ニ忠淸監司李明應起墾シ隆熙二年ニ國有地ニ編入ス本年ニ於テ更ニ瀦水池トシテ修箏ナリ
〃	〃	九切堤		馬吉面 九切里 本ト瀦水池ヲ以テ開國四百八十九年三月日ニ忠淸監司ニ李明應起墾シ隆熙四年ニ國有地ニ編入ス
〃	〃	連毛堤		馬吉面 連毛里 仝
〃	〃	孝室洑		馬吉面 孝室里 刱設年代不明ナリ現ニ農民ヨリ秋成後箏洑瀦水シ農時淹漑ス
〃	〃	堂山洑		仝 堂山里 仝
〃	〃	新里洑	두무치보	仝 新里 仝
〃	土産名	米	쌀	各里共
〃	〃	大豆	콩	仝
〃	〃	小豆	팟	仝

面名	種　別	地　名	諺　文	備　攷
〃	〃	大麥	것보리	仝
〃	〃	小麥	밀	仝
〃	〃	裸麥	쌀보리	仝
〃	洞里村名	九切里		
〃	〃	元斗里	원두골	
〃	〃	元毛里		
〃	〃	水餘里	무남이	
〃	〃	雙連里		
〃	〃	龍塘里		
〃	〃	聖注洞	승듀골	
〃	〃	屈巷里	구렁말	
〃	〃	堂山里		
〃	〃	新里	두무치	
〃	〃	松內里	관졍이	
〃	〃	連毛里	연모루	
〃	〃	蛸浦里	고순기	
〃	〃	孝室里		
〃	〃	橫山里	빅기메	
〃	酒幕名	龍塘店	용당이듀막	馬吉面 龍塘里
南部面	山谷名	西台山	셔틔메	南部面 分切里
〃	〃	前望山	압망메	仝 長岩里
〃	〃	後望山	뒤망메	仝 仝
〃	渡津名	長岩津		仝 仝 現今ニハ 渡場ナリ

面名	種 別	地 名	諺 文	備 攷
〃	驛名	豆谷驛		仝驛　里開國五百四年 ニ廢止
〃	〃	客望院		仝 其所在地及年代不明ナリ
〃	〃	吉山院		仝 仝
〃	野坪名	沙里坪		仝 長岩里
〃	浦口名	舒川浦		仝 仝
〃	寺刹名	分寺		仝 分切里 刱設及毁撤年代不明ナリ
〃	土産名	米	쌀	各里共
〃	〃	大麥	것보리	仝
〃	〃	小麥	밀	仝
〃	〃	裸麥	쌀보리	仝
〃	〃	大豆	콩	仝
〃	〃	小豆	팟	仝
〃	洞里村名	驛里	역말	
〃	〃	峰根里		
〃	〃	白沙里	쇠펭이	
〃	〃	佳丁里	가장말	
〃	〃	項里	목니	
〃	〃	鷄山里	닥메	
〃	〃	飛頭里	날머리	
〃	〃	南山里	옷박골	
〃	〃	率里		
〃	〃	分切里		

面名	種 別	地 名	諺 文	備 攷
〃	〃	蛤田里	조기틔	
〃	〃	長岩里		
〃	酒幕名		비션거리듀막	南部面 驛里
〃	〃	烽根店	봉근이듀막	仝 烽根里
〃	〃		짓구지듀막	仝 長岩里
〃	嶺峙峴名	城隍嶺	셔낭고기	仝 驛里
〃	古蹟名所名	長岩鎮		南部面 長岩里 元ト水軍僉制營ニシテ開國五百四年 ニ廢止ス
〃	〃	白沙亭		南部面 白沙里 刱設及廢止年代不明ナリ
〃	〃	望海亭		仝 仝 仝
〃	城堡名	長岩城		南部面 長岩里 元ト僉制時代築城ス其年代未詳ナリ
西部面	山谷名	靈鷲山		西部面 南山里 郡南六里自雲銀山来亦爲邑治之案山
〃	〃	雲銀山		西部面 烽下里 郡南七里自扶蘇山来一脉逶迤落入庇仁界起作花山抵木郡南面爲本郡邑治之案山也
〃	堤堰洑名	機池堤 (現ニ玉山堤)		西部面 玉山里 本ト瀦水池ヲ以テ開國四百八十七年ニ忠淸監司李明應起墾シ隆熙二年ニ國有地ニ編入ス
〃	〃	古官前堤		所在地不明

面名	種 別	地 名	諺 文	備 攷
〃	〃	闊洞堤		仝
〃	〃	長橋洑	장다리보	西部面 王山里 刱設年代ハ不明ナリ現ニ農民ヨリ秋成後箏洑瀦水シ農時漑漑ス
〃	寺刹名	雲根寺		西部面 烽下里 刱設及毁撤年代不明ナリ
〃	〃	靈寂菴		西部面 南山里 刱設年代不明ナリ光武六年ニ自然空虛毁撤ス
〃	土産名	米	쌀	各里共
〃	〃	大麥	것보리	仝
〃	〃	小麥	밀	仝
〃	〃	裸麥	쌀보리	仝
〃	〃	大豆	콩	仝
〃	〃	小豆	팟	仝
〃	洞里村名	東竹里		
〃	〃	鷄龍里		
〃	〃	禾洞	셩너머	
〃	〃	中里	밧간듸	
〃	〃	新山里		
〃	〃	烽下里	한젹골	
〃	〃	南山里		
〃	〃	王山里		
〃	〃	北王里		
〃	〃	城北里		

面名	種別	地名	諺文	備攷
〃	〃	馬洞	말꼴	
〃	〃	伐村	벌말	
〃	〃	汗城里		
〃	〃	松內里		
〃	〃	蘆項里	갈목	
〃	〃	冬之里		
〃	〃	臥石里	눈돌	
〃	〃	竹山里	말머리	
〃	〃	山所里	소메	
〃	〃	堂山里		
〃	〃	金浦里	쇠씨	
〃	酒幕名	鵲橋店	갓치다리듀막	西部面 鷄龍里
〃	〃	長橋店	장다리듀막	仝 南山里
〃	〃		바위박이듀막	仝 城北里
〃	〃		모시틉듀막	仝 仝
〃	嶺峙峴名	鵲峙	갓치고기	仝 東竹里
〃	〃		한젹꼴고기	仝 烽下里
〃	古蹟名所名	古邑城		仝 南山里 祗今マデ西州古邑基址タル諺傳アリタリ
〃	〃	烽臺		仝 烽下里 每夜烽火ヲ以テ何方面何事變アリヲ通報セシムリコトナリ
〃	〃	靈寂暮鐘		西部面南山里本郡八景中ノ一ナリ
〃	〃	長橋滿潮		仝 仝 仝

面名	種 別	地 名	諺 文	備 攷
〃	〃	牛山落照		仝 山所里 仝
板山面	市場名	吉山市	길미다리장	板山面 吉山里
〃	浦口名	吉山浦	길미다리	仝 仝
〃	堤堰洑名	龍鶴堤		仝 龍鶴里 刱設及起墾年代不明ナリ隆煕二年ニ國有地ニ編入ス
〃	〃	先旺堤	션왕절방듁	板山面 光旺里 仝
〃	〃	九乙之堤		其所在不明ナリ
〃	〃	三水洑		板山面 三水里 刱設年代不明ナリ現ニ農民ヨリ秋成浚箏洑潴水シ農時潅漑ス
〃	〃	鼎山洑	솟메보	仝 鼎山里 仝
〃	土産名	米	쌀	各里共
〃	〃	大麥	것보리	仝
〃	〃	小麥	밀	仝
〃	〃	裸麥	쌀보리	仝
〃	〃	大豆	콩	仝
〃	〃	小豆	팟	仝
〃	洞里村名	黃山里	가람메	
〃	〃	古山里		
〃	〃	吉山里	길미다리	
〃	〃	三水洞		
〃	〃	王葛里		
〃	〃	葛山里		

面名	種 別	地 名	諺 文	備 攷
〃	〃	斗毛洞	돈담메	
〃	〃	先旺里	션왕졀	
〃	〃	鼎山里	솟메	
〃	〃	龍鶴里		
〃	〃	屯德里		
〃	〃	月支里		
〃	〃	東山里	동살메	
〃	〃	杻山里	싸리메	
〃	〃	長成里		
〃	〃	台山里	테메	
〃	〃	溫水洞	온슈꼴	
〃	古蹟名所名	吉浦歸帆		板山面 吉山里 堂郡八景中一ナリ
豆山面	山谷名	扶蘇山		豆山面 中里 自鴻山郡飛鴻山来在郡北二十里爲本郡山川来脉
〃	〃	遠通山		豆山面 大谷里
〃	院名	鳴谷書院		仝 書院里
〃	堤堰洑名	鳴谷堤		仝 仝 来歷不明ナリ現ニ國有地ニ編入ス
〃	〃	八支洑		豆山面八支里 刱設年代不明ナリ現ニ農民ヨリ秋成浚箏洑豬水シ農時淹漑
〃	〃	北溪洑		仝 北溪里 仝
〃	〃	建岩洑		仝 建岩里 仝

面名	種 別	地 名	諺 文	備 攷
〃	〃	旺也洑		仝 旺也里 仝
〃	〃	道馬橋洑	도마다리보	豆山面 院洞 刱設年代不明ナリ現ニ農民ヨリ秋成浚筆洑瀦水シ農時渰漑
〃	土産名	米	쌀	各里共
〃	〃	大麥	것보리	仝
〃	〃	小麥	밀	仝
〃	〃	裸麥	쌀보리	仝
〃	〃	大豆	콩	仝
〃	〃	小豆	팟	仝
〃	〃	烟草	담비	仝
〃	洞里村名	千草里		
〃	〃	淨水里		
〃	〃	北溪里	안터	
〃	〃	中里	김부쏠	
〃	〃	大谷里	한실	
〃	〃	油笠里	기름실	
〃	〃	肄岩里		
〃	〃	鍮店里	놋졈이	
〃	〃	九邉里	구변굴	
〃	〃	恩赤里		
〃	〃	書院里	맹곡	
〃	〃	旺也里	왜말	
〃	〃	院堂里		

面名	種 別	地 名	諺 文	備 攷
〃	〃	平田里	평팟	
〃	〃	大洞里	항골	
〃	〃	八支里		
〃	〃	院洞		
〃	〃	神農里		
〃	酒幕名	大谷店	한실듀막	豆山面 大谷里
〃	〃	油笠店	셥바탕이듀막	仝 油笠里
〃	〃	鍮店	놋졈이듀막	仝 鍮店里
〃	〃	建岩店		仝 建岩里
〃	〃	道馬店	도마다리듀막	
〃	嶺峙峴名	金福峴	김부골	豆山面 中里 郡北三十二里自扶蘇山来
〃	〃	猪嶺	돗고기	仝 恩赤里
〃	〃	鍮店峙	놋졈이고기	仝 鍮店里
〃	古蹟名所名	林正所		仝 老五其来歷不明ナリ
〃	〃	文照鄉		其所在地不明ナリ
〃	〃	舊邑基址		豆山面 旺也里来歷不明ナリ現稱西林郡基址
文章面	山谷名	大藪山		文章面 登古里一云鳳林山郡北二十一里自金福峴来
〃	〃	台山		仝 牛山里
〃	〃	千方山		仝 菴洞 郡東二十一里自鳳林大藪山来
〃	〃	飛龍峰		仝 汗江里

面名	種 別	地 名	諺 文	備 攷
〃	堤堰洑名	照陽堤 (今 禾里堤)		仝　禾里刱設年代不明ナリ隆熙二年ニ國有地ニ編入ス
〃	寺刹名	白雲寺		仝　庵洞刱設及毁撤年代不明ナリ
〃	土産名	米	쌀	各里共
〃	〃	大麥	것보리	仝
〃	〃	山麥	밀	仝
〃	〃	大豆	콩	仝
〃	〃	小豆	팟	仝
〃	〃	裸麥	쌀보리	仝
〃	〃	烟草	담비	仝
〃	洞里村名	仙洞		
〃	〃	白楊洞		
〃	〃	有支洞	고여	
〃	〃	刀壯里	도장골	
〃	〃	得樂里	시렁골	
〃	〃	汗江里		
〃	〃	金丹里		
〃	〃	生岩里	싱바위	
〃	〃	仙楓里		
〃	〃	牛山里	우메	
〃	〃	菴洞	가루골	
〃	〃	北向里		
〃	〃	萬德里		

面名	種　別	地　名	諺　文	備　攷
〃	〃	登古里		
〃	〃	禾里	문장이	
〃	酒幕名	文章店	문장이듀막	文章面 禾里
〃	〃	石峴店	돌고기듀막	仝 仝
〃	〃	得樂店	시렁골듀막	仝 得樂里
〃	嶺峙峴名	石峴	돌고기	文章面 禾里
〃	古蹟名所名	鳳林歸雲		仝　登古里當郡八景ノ一ナリ
時旺面	池名	龍湫	룡츄	時旺面 注坊里
〃	堤堰洑名	新洑	시보	仝　杏丁里刱設年代不明ナリ現農ヨリ秋成浚築洑潴水シ農時ニ潅漑ス
〃	〃	後洞洑		仝 後洞 仝 仝
〃	〃	有道洑		仝 有道里 仝 仝
〃	〃	仙乭洑		仝 仙乭里 仝 仝
〃	〃	注坊洑		仝 注坊里 仝 仝
〃	〃	冷井洑		仝 冷井里 仝 仝
〃	土産名	米	쌀	各里共
〃	〃	大麥	것보리	仝
〃	〃	小麥	밀	仝
〃	〃	大豆	콩	仝
〃	〃	小豆	팟	仝

面名	種 別	地 名	諺 文	備 攷
〃	〃	裸麥	쌀보리	仝
〃	〃	烟草	담뵈	仝
〃	〃	荏子	씨	仝
〃	洞里村名	杏亭里		
〃	〃	楓洞	신꼴	
〃	〃	後洞		
〃	〃	有道里	유둑바위	
〃	〃	仙乭里		
〃	〃	世院里		
〃	〃	支壯里		
〃	〃	冷井里		
〃	〃	鳳岩里		
〃	〃	舩達里	수왕골	
〃	〃	曷勿里		
〃	〃	注坊里		
草處面	堤堰洑名	草里堤		草處面 草里 本ト瀦水池ヲ以テ開國四百八十五年ニ本里權奉洙起墾シ光武五年ニ國有地ニ編入ス
〃	〃	三街洑	삼거리보	仝 紅峴刱設年代不明ナリ現ニ秋成後農民ヨリ筝洑瀦水シ農時澭漑ス
〃	〃	石洑	돌보	仝 九丁里
〃	〃	廣浦洑	너른기보	仝 紙谷里
〃	〃	草里洑		仝 草里

面名	種　別	地　名	諺　文	備　攷
〃	土産名	米	쌀	各里共
〃	〃	大麥	겻보리	仝
〃	〃	小麥	밀	仝
〃	〃	大豆	콩	仝
〃	〃	小豆	팟	仝
〃	〃	裸麥	쌀보리	仝
〃	〃	烟草	담비	仝
〃	〃	荏子	씨	仝
〃	洞里村名	紅峴里		
〃	〃	九丁里	바위지	
〃	〃	新基里	시터골	
〃	〃	紙谷里	됴실	
〃	〃	堂谷里		
〃	〃	用夂里	용구지	
〃	〃	草里	시울	
〃	〃	石橋里	돌다리	
開谷面	山谷名	烏石山		開谷面　寺洞郡城北爲本郡邑治之主山
〃	市場名	邑市		仝 東邉里
〃	野坪名	三岐野	셰거리들	仝 西邉里
〃	堤堰洑名	東堤	동방듁	仝　衿山里本ト瀦水池ヲ以テ開國四百八十七年ニ忠淸監司李明應起墾シ隆熙二年ニ國有地ニ編入ス
〃	〃	西堤	셔방듁	仝

面名	種 別	地 名	諺 文	備 攷
〃	〃	官前堤		其所在不明ナリ
〃	〃	寺洞堤		仝
〃	〃	受洑	바들보	開谷面　西邉里刱設年代不明ナリ現ニ農民ヨリ秋成後肇洑瀦水シ農時漑漑ス
〃	土産名	米	쌀	各里共
〃	〃	大麥	것보리	仝
〃	〃	小麥	밀	仝
〃	〃	裸麥	쌀보리	仝
〃	〃	大豆	콩	仝
〃	〃	小豆	팟	仝
〃	〃	荏子	쐐	仝
〃	江川溪澗名	三岐川	시거리니	
〃	洞里村名	東邉里	동편	
〃	〃	西邉里	셔편	
〃	〃	上棲里	위다락말	
〃	〃	下棲里	아릐다락말	
〃	〃	新里	산직말	
〃	〃	花山里	이불메	
〃	〃	內洞	안골	
〃	〃	於山里	논등골	
〃	〃	寺洞	절골	
〃	〃	楡谷里	느릇	
〃	〃	校村	향교골	

面名	種別	地名	諺文	備攷
〃	古蹟名所名	三岐觀農		開谷面 西邉里 本郡八景中ノ一ナリ
〃	〃	烏谷瀑沛		仝 奇洞 仝
〃	〃	鵝城吐月		仝 東邉里 仝
〃	城堡名	現邑城		開谷面 東邉及西邉里
獐項面	堤堰洑名	奇洞堤		本ト瀦水池ヲ以テ開國四百八十九年ヘ奇洞羅泰仁カ起墾シ光武四年ニ國有地ニ編入ス
〃	〃	水淸洞堤		剏始年代ハ不明ナリ現ニ國有地ニ編入ス
〃	〃	堂山洑		獐項面 堂山里 剏始年代ハ不明ス現ニハ秋成後ニ農民ヨリ籊洑瀦水シ農時滻漑ス
〃	〃	鶴谷洑	황시울보	仝 外獐里 仝
〃	〃	九岩洑	본모루보	仝 九岩里 仝
〃	〃	新橋洑	셥다리보	仝 新場里 明治四十三年五月分ニ本郡守が有志者ヲ以テ共ニ協力籊洑ス
〃	土産名	米	쌀	各里共
〃	〃	大麥	것보리	仝
〃	〃	小麥	밀	仝
〃	〃	裸麥	쌀보리	仝
〃	〃	大豆	콩	仝
〃	〃	小豆	팟	仝
〃	〃	荏子	쐐	仝

面名	種 別	地 名	諺 文	備 攷
〃	江川溪澗名	九岩川	본모루늬	獐項面 九岩里
〃	洞里村名	支石里	고연들	
〃	〃	奇洞		
〃	〃	禾好里	슈슈	
〃	〃	九岩里	본모루	
〃	〃	堂山里	곱장골	
〃	〃	顧龍里	고룡골	
〃	〃	下松里		
〃	〃	中松里		
〃	〃	城北里	자쐬	
〃	〃	於溫里	어온골	
〃	〃	新場里	장마루	
〃	〃	禾里	시루골	
〃	〃	外獐里	진모루	
〃	酒幕名	廣大店	광대말쥬막	獐項面 外獐里
〃	〃	三街店	삼거리쥬막	仝 禾好里
〃	〃	新場店	장마루쥬막	仝 新場里
〃	嶺峙峴名	狐嶺	여호고기	仝 外獐里
〃	土産名	箭竹, 苧, 柿		
〃	〃	蛤石花, 洪魚		
〃	〃	沙魚, 秀魚		
〃	〃	烏賊魚, 刀魚		
〃	〃	民魚, 石首魚		
〃	〃	葦魚, 錢魚		

面名	種 別	地 名	諺 文	備 攷
〃	〃	真魚, 麻魚		
〃	〃	鱸魚, 青魚		
〃	〃	土花, 絡蹄		
〃	〃	大鰕, 小螺		
〃	〃	蟹, 薄荷		
〃	〃	麥門冬, 天門冬		
〃	〃	防風, 半夏		
〃	〃	白芨, 蔓荊子		
〃	〃	胎水, 乾地黃		
〃	〃	黃蟾, 酥淡		
〃	〃	竹葉, 山藥		
〃	〃	金銀花, 木瓜		
〃	〃	蓮實, 川芎		

12. 비인(庇仁)

面名	種　別	地　名	諺　文	備　攷
郡內面	山谷名	月明山		校村里後郡東七里
〃	〃	烽基山		七支里後アリ
〃	〃	暈下山	테밋산	下北里後アリ
〃	〃	觀寂谷		校村里後アリ
〃	川名	智長川		城內里後アリ
〃	嶺峙峴名	骨石峙	골돌고기	校村里前アリ
〃	〃	文斗音峙		仝
〃	〃	聖傳峙		校村里後アリ
〃	〃	鴈峙	기럭지	元豆里前アリ
〃	〃	白馬峙	힌말지	下北里前アリ
〃	城堡名	邑內城		
〃	〃	山城		校村里觀寂谷アリ 百濟時山城遺墟
〃	寺刹名	觀寺		校村里觀寂谷今ナシ
〃	驛名	靑化驛		校村里
〃	野坪名	西門外坪		城內里前アリ
〃	〃	番池坪		校村里前アリ
〃	〃	防河橋坪	방히다리덜	楮田里前アリ
〃	浦口名	船西浦		船西里
〃	〃	姑島浦		姑島里
〃	古蹟名所名	五層塔		上北里アリ
〃	土産名	魚		
〃	〃	塩		

面名	種 別	地 名	諺 文	備 攷
〃	〃	苧布		
〃	堤堰洑名	西門防築堤		西門外新基里アリ
〃	面祉坊名	郡內面		
〃	洞里村名	元豆里	원닥골	
〃	〃	上北里	탑셩이	
〃	〃	下北里	가말, 시탄말	
〃	〃	巳洞里	비암골	
〃	〃	七支里		
〃	〃	楮田里	답박골	
〃	〃	社壇里		
〃	〃	船西里	솔머리	
〃	〃	船東里	용슈말	
〃	〃	姑島里	유왕마지	
〃	〃	校村里	역말	
〃	〃	城內里		
〃	〃	新基里	수틔안	
〃	市場名	邑內市場		城內里アリ
北面	山谷名	舊聖山		栗洞里後アリ
〃	〃	将軍峰		九福里後アリ
〃	嶺峙峴名	屯德峴		屯德里後アリ
〃	〃	鷹峰峙	미봉지	通朴里前アリ
〃	野坪名	鶴岩坪	황시바위평	梧山里前アリ
〃	〃	錦岩坪	금바위평	元頭里後アリ
〃	院名	釼城祠		宗排里 今廢

面名	種　別	地　名	諺　文	備　攷
〃	〃	淸節祠		通朴里 仝
〃	〃	栗里祠		栗洞里 仝
〃	浦口名	東和浦	메지기	東和里
〃	酒幕名	鶴岩店	황시바위쥬막	梧山里鶴岩
〃	〃	店村店		南塘里店村
〃	洞里村名	元頭里	당너머	
〃	〃	西和里	벌뚝	
〃	〃	東和里	메지	
〃	〃	長浦里		
〃	〃	九卜里		
〃	〃	梧山里	먹어산	
〃	〃	宗排里		
〃	〃	牛嶺里	소지	
〃	〃	通朴里		
〃	〃	屯德里		
〃	〃	栗洞里	밤골	
〃	〃	冷井里	참심골	
〃	〃	南塘里		
〃	〃	城山里		
〃	〃	未力里		
〃	面, 社, 防名	北面		
西面	山谷名	玉女山		月下里左アリ
〃	〃	周圍峰	두루봉	合田里前アリ
〃	〃	鷹峰山	미봉산	介也里後アリ

面名	種 別	地 名	諺 文	備 攷
〃	野,坪名	合田坪		合前里前アリ
〃	面, 社, 防名	西面		
〃	浦口名	月下浦		月下里アリ
〃	〃	都屯浦		都屯里アリ
〃	〃	馬梁浦		馬粱里アリ
〃	酒幕名	観淸店	관청모롱니	烽下里前アリ
〃	堤堰洑名	環曲堤堰	고리뒤제언	仝
〃	〃	蹄野堤堰	굽드리제언	長洞里前アリ
〃	〃	謁賛堤堰		謁賛里前アリ
〃	關防名	都豆音串戌		都屯里アリ今ナシ
〃	城堡名	馬梁鎮		馬粱里アリ今廢
〃	土産名	石魚, 刀魚		
〃	洞里村名	禾洞里	숙골	
〃	〃	月下里		
〃	〃	謁賛里	불말	
〃	〃	狐洞里	여슐	
〃	〃	長洞里	장골	
〃	〃	舟橋里	비다리	
〃	〃	烽火里		
〃	〃	酒缸里	슈랑골	
〃	〃	新基里	식터	
〃	〃	介也里	기목	
〃	〃	明洞里		
〃	〃	扶沙里	부사문	

面名	種　別	地　名	諺　文	備　攷
〃	〃	內月里	아릐월목	
〃	〃	外月里	위월목	
〃	〃	新村里		
〃	〃	蛤田里		
〃	〃	先乭里	션돌릐	
〃	〃	都屯里		
〃	〃	馬梁里		
東面	山谷名	兩儀山		舟洞里後郡東十二里
〃	〃	長驅峰		下深里前アリ
〃	〃	将臺峰		仝後アリ
〃	野,坪名	鉢山坪	바랏들	葛老里前アリ
〃	〃	中山坪	즁메들	酒缸里前アリ
〃	川名	板橋川		板橋里郡東
〃	面,社, 防名	東面		
〃	市場名	板橋市場		板橋里アリ
〃	酒幕名	墨峙店	먹지쥬막	墨峙里前アリ
〃	〃	冷井店	온동쥬막	冷井里前アリ
〃	〃	碑立街店	비션거리슈박	山洞里前アリ
〃	〃	角舍郎店		板橋里前アリ
〃	〃	厚洞店		厚洞里前アリ
〃	〃	夫所店	부쇼치쥬막	夫所里前アリ
〃	〃	葛老店	갈노고기쥬막	葛老里前アリ
〃	〃	薪谷店	셥실쥬막	薪谷里前アリ

面名	種 別	地 名	諺 文	備 攷
〃	〃	鵲峙店	싸치고기쥬막	鵲峙里前アリ
〃	堤堰洑名	墨峙洑	먹지보	墨峙里前アリ
〃	〃	山頭洑	산두보	舟洞里前アリ
〃	〃	角舍洑	각사량이보	板橋里前アリ
〃	〃	上洑	위보	舟洞里前アリ
〃	〃	下洑	아릐보	厚洞里前アリ
〃	〃	上洑	위보	仝
〃	〃	中洑		玄岩里前アリ
〃	〃	寺谷洑		次洞里前アリ
〃	嶺峙峴名	動鼓峙		上深里後アリ
〃	〃	扶蘇峴		扶蘇里前アリ
〃	〃	葛老峴		葛老里後アリ
〃	寺刹名	金水庵		舟東里今ナシ
〃	洞里村名	扶蘇里		
〃	〃	卜大里	짐듸울	
〃	〃	柯谷里	가실	
〃	〃	葛老里	가로고기	
〃	〃	次洞里(板橋)	착골, 너더리	
〃	〃	鍮店里	놋졈이	
〃	〃	古樂里		
〃	〃	甘洞里	감탕골	
〃	〃	仙風里		
〃	〃	瓦峙里	왜지	
〃	〃	後洞里		

面名	種 別	地 名	諺 文	備 攷
〃	〃	玄岩里	도례	
〃	〃	苧洞里	모시울	
〃	〃	山東里		
〃	〃	飛垈里	ᄂᆞᆫ듸골	
〃	〃	松水砧里	지심골	
〃	〃	水城里	셜병이	
〃	〃	中深里		
〃	〃	下深里		
〃	〃	上深里		
〃	〃	月峰里		
〃	〃	墨峙里	먹지	
〃	〃	上山里		
〃	〃	舟洞里	빅골	
〃	〃	可佐里	가지울	
〃	〃	鵲峙里	ᄭᅡᆨ치고지	
〃	〃	冷井里	온동	
〃	〃	薪谷里	셥실	
〃	〃	右羅里		
〃	〃	文德里		
〃	〃	酒缸里		
〃	〃	宮洞里		
〃	〃	訪仙里		
〃	〃	登垈里	등뒤메	
一方面	山谷名	暈下山	데멧산	浦城里後アリ

面名	種 別	地 名	諺 文	備 攷
〃	〃	望德山		新儉里後アリ
〃	野,坪名	新野	섯들	新儉里前アリ
〃	〃	長野	진들	余丁里前アリ
〃	〃	新洞坪		新洞里前アリ
〃	〃	長津坪		長津里後アリ
〃	〃	新基坪		新基里前アリ
〃	〃	鍾川坪		鍾川里前
〃	〃	龍山坪		朗洞里前アリ
〃	川名	鍾川	북닉	鍾川里前郡南
〃	渡津名	泊浦津	박포나루	倉村里前アリ
〃	面,社,坊名	一方面		
〃	浦口名	浦城浦		浦城里
〃	〃	長津浦		長津里
〃	〃	內多浦		內多里
〃	〃	長夊浦		倉村里アリ
〃	酒幕名	新儉店		新儉里前アリ
〃	〃	開福橋店	기복다리쥬막	仝 後アリ
〃	〃	鍾川店	북닉쥬막	鍾川里前アリ
〃	〃	保道店	보도막이쥬막	保道里前アリ
〃	〃	店村店		店村里前アリ
〃	堤堰洑名	開福洑	싯들보	新儉里後アリ
〃	〃	龍頭洑		仝 前アリ
〃	〃	一新洑	한시울보	仝 後アリ
〃	〃	飛垈洑	논딕골보	鼎坪里後アリ

面名	種 別	地 名	諺 文	備 攷
〃	〃	榻巨里洑		仝
〃	〃	敏馬楼洑		仝 前アリ
〃	〃	兩川洑	두닉바짓보	朗洞里前アリ
〃	〃	龍山洑		仝
〃	〃	內山洑	안싼닉보	仝
〃	〃	外山洑	밧싼닉보	鍾川里前アリ
〃	〃	長野洑	진들보	仝
〃	〃	橋內洑	다리안보	鍾川里前アリ
〃	〃	長安洑	장터들보	仝
〃	〃	中洑		余丁里前アリ
〃	〃	井堤堰	시암쑥보	新洞里前アリ
〃	〃	杜鵑堤堰		長津里後アリ
〃	嶺峙峴名	三牛峙		新基里後アリ
〃	〃	松峙	솔토고기	仝
〃	〃	於羅峙		上冠里後アリ
〃	寺刹名	永守庵		店村里後アリ
〃	土産名	刀魚		
〃	〃	石魚		
〃	洞里村名	新洞里		
〃	〃	朗洞里	낭골	
〃	〃	堂洞里		
〃	〃	浦城里		
〃	〃	長津里		
〃	〃	者老里		

面名	種 別	地 名	諺 文	備 攷
〃	〃	完利里		
〃	〃	新基里	통슈메	
〃	〃	上冠里		
〃	〃	下冠里		
〃	〃	上外多里	위구슈메	
〃	〃	下外多里	아릐구슈메	
〃	〃	內多里		
〃	〃	新儉里		
〃	〃	鼎坪里	솟동메	
〃	〃	寶賢里	빅운골	
〃	〃	鍾川里	부닉	
〃	〃	保道里	보도막이	
〃	〃	勿去里	물거닉	
〃	〃	余丁里	기망골	
〃	〃	長久里	장구지	
〃	〃	倉村里		
〃	〃	於羅里		
二方面	山谷名	安靜山		上內里左アリ
〃	〃	劍城山		上內里後アリ
〃	〃	花山		下內里前アリ
〃	〃	鷹飛山		都萬里右アリ
〃	〃	希夷山		禾伍里後アリ
〃	野,坪名	瓦坪	왜므리들	下內里前アリ
〃	〃	漢水坪		外山里前アリ

面名	種 別	地 名	諺 文	備 攷
〃	〃	大禾坪		都萬里前アリ리
〃	〃	淡花坪		淡花里前アリ
〃	〃	古羅坪		席東里前アリ
〃	〃	松山坪		席西里前アリ
〃	〃	大席坪		發桂里前アリ
〃	〃	冬至坪		冬至里前アリ
〃	〃	興林坪		興林里前アリ
〃	〃	馬山坪		萬德里前アリ
〃	江川溪澗名	禾伍川	슈쇼닉	禾伍里アリ
〃	面,社,坊名	二方面		
〃	市場名	花山市		花坪山里今ナシ
〃	酒幕名	洑底店	봇밋쥬막	席西里アリ
〃	〃	三街里店		禾伍里アリ
〃	池名	漢水池		外山里前アリ
〃	堤堰洑名	長隅洑	진모로보	下花里前アリ
〃	〃	黃沙洑	항지울보	外山里前アリ
〃	〃	堂山洑	당뫼보	都萬里左アリ
〃	〃	三巨里洑	즈보	禾伍里前アリ
〃	〃	松山洑	봇밋보	席西里前アリ
〃	〃	支石洑		發桂里前アリ
〃	〃	興林洑		興林里左アリ
〃	〃	新坪洑	시뜰보	仝 里前アリ
〃	〃	新洑	시보	萬德里前アリ
〃	嶺峙峴名	礪峙	여리고기	上內里左アリ

面名	種 別	地 名	諺 文	備 攷
〃	〃	五十人峙	슈리너므지	上花里右アリ
〃	寺刹名	安靜寺		上內里今ナシ
〃	洞里村名	上花里	위시말	
〃	〃	花坪里		
〃	〃	下花里	아릐시말	
〃	〃	上內里	못치릐	
〃	〃	下內里	못치릐	
〃	〃	外山里	못치릐	
〃	〃	都萬里		
〃	〃	禾伍里	슈쇼	
〃	〃	淡花里		
〃	〃	竹洞里	딕울	
〃	〃	興德里		
〃	〃	內席里	안골	
〃	〃	席東里	동리	
〃	〃	席西里	됫비위	
〃	〃	發桂里	고온들	
〃	〃	冬至里	텃골	
〃	〃	興林里	싯터	
〃	〃	萬德里		
〃	土産名	粳米, 牟麥		
〃	〃	栗, 苧, 柿		
〃	〃	栗, 松, 杞梓		
〃	〃	竹, 石首魚		

面名	種 別	地 名	諺 文	備 攷
〃	〃	秀魚, 青魚		
〃	〃	洪魚, 沙魚		
〃	〃	烏賊魚, 麻魚		
〃	〃	錢魚, 蛤, 民魚		
〃	〃	鱸魚, 絡蹄		昔在
〃	〃	米, 麥, 大豆		
〃	〃	小豆, 荏, 棉花		
〃	〃	烟草, 春布		

13. 남포(藍浦)

面名	種　別	地　名	諺　文	備　攷
郡內面	山名	玉馬山		在郡內面 校村
〃	坪名	後坪	듸들	在仝 南里西里間
〃	川名	金川	쇠닉	在仝 月村
〃	洞里村名	東里		在郡內面
〃	〃	西里		仝
〃	〃	南里	닉깃말	仝
〃	〃	中里	중뚬	仝
〃	〃	沙峴里		仝
〃	〃	月村	월구리	仝
〃	〃	校村	향교골	仝
〃	站名	憲兵分遣所	병참쇼	在邑城內
〃	酒幕名	邑內酒幕		在郡內面
〃	〃	發山 仝	바람박긔쥬막	仝
〃	〃	校村 仝	향교골쥬막	仝
〃	〃	沙峴里 仝		仝
〃	峙名	馬峙	말지	仝 東里
〃	〃	沙峴峙	사현이직	仝 沙峴里
〃	城堡名	邑城	골셩	仝郡內
北內面	關防名	造尺山浦口	조잠포	在北內面 造尺浦
〃	堤堰名	瓮谷里堤堰	독골방죽	仝　瓮谷里今無年久不記
〃	川名	伊川	으름닉	仝 昌洞
〃	洞里村名	巢隱洞	송골	仝 北內面

面名	種 別	地 名	諺 文	備 攷
〃	〃	內松里	다리안	仝
〃	〃	外松里		仝
〃	〃	造尺浦里	조잠포	仝
〃	〃	三賢里		仝
〃	〃	後洞	뒤골	仝
〃	〃	大也里	듸야실	仝
〃	〃	帝碩洞		在北內面
〃	〃	鳳山里		仝
〃	〃	大德洞		仝
〃	〃	環洞	고리머리	仝
〃	〃	冠洞		仝
〃	〃	昌洞		仝
〃	〃	伊川里	으름닉	仝
〃	〃	古也里	고야실	仝
〃	〃	瓮谷里	독골	仝
〃	酒幕名	帝碩洞酒幕		仝
〃	〃	造尺浦酒幕	조잠포쥬막	仝
〃	〃	大德洞酒幕		仝
〃	〃	昌洞 仝	북졍ᄌ주막	仝
〃	〃	內松 仝	다리안주막	仝
〃	〃	三賢里 仝	벗뚝거리주막	仝
〃	〃	環里 仝	고리머리주막	仝
〃	〃	大也谷 仝	듸야실주막	仝
〃	〃	外松里 仝		仝

面名	種 別	地 名	諺 文	備 攷
〃	〃	伊川里 仝	으름늬주막	仝
〃	〃	鳳山里 仝		仝
新安面	坪名	素坪	쇠들	在新安面 防項里
〃	院名	朱子書院		仝 梅川里 今無甲子年毁撤
〃	浦口名	令田浦	룡머리포	仝 令田里
〃	堤堰名	三巨里堤堰	양촌방죽	仝 陽村 今無年夂不紀
〃	土産名	白石		仝 令田里 床石,砧石,望柱石需用
〃	〃	艾石		仝 令田里 床石,砧石需用
〃	洞里村名	杜鳴里	두룬리	在新安面
〃	〃	令田里	룡머리	仝
〃	〃	上基里	위터골	仝
〃	〃	下基里	아릐터골	仝
〃	〃	谷村	골말	在新安面
〃	〃	陽村	양지편	仝
〃	〃	防項里	방목	仝
〃	〃	蟻項里	긔목	仝
〃	〃	梁牙里	양아다리	仝
〃	〃	上新里	싀말	仝
〃	〃	下新里	仝	仝
〃	〃	烽村	봉의밋	仝
〃	〃	大達里	큰달월	仝

面名	種 別	地 名	諺 文	備 攷
〃	〃	小達里	자근달월	仝
〃	〃	坪村		仝
〃	〃	冶洞		仝
〃	〃	月溪里	다리울	仝
〃	〃	梅川里	미ᄂᆡ	仝
〃	酒幕名	烽村酒幕	봉의밋주막	仝
〃	〃	坪村酒幕		仝
〃	〃	蟻項酒幕	ᄀᆡ목주막	仝
〃	〃	冶洞酒幕		仝
〃	〃	令田里酒幕	룡머리주막	仝
〃	〃	陽村酒幕	양지편주막	仝
〃	〃	下新里酒幕	ᄉᆡ말주막	仝
〃	〃	杜鳴里酒幕	두룬리주막	仝
〃	〃	上新里酒幕	ᄉᆡ말주막	仝
〃	〃	梁牙里酒幕	앙아다리주막	仝
〃	〃	防項里酒幕	방목주막	仝
〃	〃	大達里酒幕	큰달월주막	仝
〃	峴名	梨峴		在新安面 杜鳴里
〃	古績名所名	麥島自磨石	보리셤자마셕	仝 下基里 崔斯笠吟咏所云
熊川面	山名	九龍山		在熊川面 下九里
〃	〃	通達山		仝 小篁里
〃	渡津名	大川	한ᄂᆡ	仝 大川里
〃	市場名	大川市	한ᄂᆡ장	仝

面名	種 別	地 名	諺 文	備 攷
〃	池名		수못	仝 小篁里
〃	坪名	廣巖坪		仝 小篁·廣巖·小菁舟橋間
〃	浦口名	堂峴浦	무쳥포	仝 熊川面 堂峴里
〃	〃	青淵浦	갈마소	仝 大川下流
〃	洑名	廣巖洑		仝 廣巖里
〃	川名	熊川	곰나	仝 蘆田里
〃	洞里村名	龍臥里		在熊川面
〃	〃	花望里	곳부릐	仝
〃	〃	冠洞	갓골	仝
〃	〃	堂峴里	무쳥포	仝
〃	〃	看入里	간드리	仝
〃	〃	上九里		仝
〃	〃	下九里	마차울	仝
〃	〃	烽伍里		仝
〃	〃	獨山里	홀뫼	仝
〃	〃	王湖里		仝
〃	〃	小篁里		仝
〃	〃	大篁里		仝
〃	〃	舟橋里	빈다리	仝
〃	〃	廣巖里		仝
〃	〃	大菁里	큰무술	仝
〃	〃	小菁里	자근무술	仝
〃	〃	德山峰里		仝

面名	種 別	地 名	諺 文	備 攷
〃	〃	長佐洞	자좌울	仝
〃	〃	蘆田里		仝
〃	〃	沙川里	사근ᄂᆡ	仝
〃	〃	大川里	한ᄂᆡ	仝
〃	〃	場基里	장터	仝
〃	酒幕名	大川酒幕	한ᄂᆡ주막	在熊川面
〃	〃	長佐洞 仝	장좌울주막	仝
〃	〃	沙川里 仝	사근ᄂᆡ주막	仝
〃	〃	小篁里 仝		仝
〃	〃	獨山里 仝	홀뫼주막	仝
〃	〃	堂峴里 仝	무청니주막	仝
〃	〃	蘆田里 仝		仝
〃	古蹟名所名	舊馬梁鎭基	구진	移設于庇仁地今革年 夂不紀
古邑面	坪名	大川坪	한ᄂᆡ들	在古邑面 大川里
〃	浦口名	浣汀浦		仝 防築里
〃	土産名	烏石		仝 坪里 床石,碑石需用
〃	洑名	外城洞洑	밧셩골보	仝 外城里
〃	川名	城洞川	셩골ᄂᆡ	仝
〃	洞里村名	水岸里		在古邑面
〃	〃	上富里	불근당니	仝
〃	〃	下富里	仝	仝
〃	〃	坪里		仝
〃	〃	外城洞	밧셩골	仝

面名	種 別	地 名	諺 文	備 攷
〃	〃	內城洞	안셩골	在古邑面
〃	〃	大川里	한닉	仝
〃	〃	防築里	방죽골	仝
〃	酒幕名	防築酒幕	방죽골주막	仝
〃	〃	上富里 仝	불근당니주막	仝
〃	〃	外城洞 仝	밧셩골주막	仝
〃	〃	大川里 仝	한닉주막	仝
〃	〃	坪里 仝		仝
〃	峙名	牛峙	우릐틔	仝 坪里
〃	古蹟名所名	古藍浦		郡南十五里有古縣遺基今無年久不紀
佛恩面	驛名	藍田驛		在佛恩面 倉村
〃	坪名	花山坪		在佛恩面 花山里,內洞,坪村,東谷里間
〃	堤堰名	東谷堤堰		在佛恩面 東谷, 月峴間
〃	洑名	花山洑		在佛恩面 花山里
〃	川名	花山川		仝 仝
〃	洞里村名	金塘里		在佛恩面
〃	〃	栗洞	밤나무골	仝
〃	〃	篁城里		仝
〃	〃	月峴里	다른고기	仝
〃	〃	東谷里	동실	仝
〃	〃	泉谷里	시암실	在佛恩面
〃	〃	井谷里	시암실	仝
〃	〃	五常里	오상터	仝

面名	種　別	地　名	諺　文	備　攷
〃	〃	內洞	안골	仝
〃	〃	東幕里		仝
〃	〃	花山里		仝
〃	〃	坪村	삭갓지	仝
〃	〃	上村		仝
〃	〃	王積里		仝
〃	〃	倉村		仝
〃	〃	鷰巖里	졔비바위	仝
〃	〃	珠山里		仝
〃	酒幕名	內洞酒幕	안골쥬막	仝
〃	〃	鷰巖 仝	져비바위쥬막	仝
〃	〃	倉村 仝		仝
〃	〃	月峴 仝	다른고기주막	仝
〃	〃	花山 仝		仝
〃	〃	坪村 仝	삭갓지주막	仝
〃	〃	東谷 仝	동실주막	仝
〃	〃	王積 仝		仝
〃	峙名	熊峙	곰지	在佛恩面 內洞
〃	〃	迎月峙		仝 仝
習衣面	市場名	艮峙市	간지장	在習衣面 深洞
〃	坪名	下野坪	야관니들	仝 上野,下野,囲龍里間
〃	堤堰名	山之古介堤堰		今無年久不紀
〃	〃	兎峙堤堰	토기방죽	仝

面名	種　別	地　名	諺　文	備　攷
〃	〃	於義谷堤堰		仝
〃	〃	甑山堤堰	시루메제은	仝
〃	洞里村名	籠巖里	롱졈	在習衣面
〃	〃	深洞		仝
〃	〃	山龍里	산조기	仝
〃	〃	上野里	야관이	仝
〃	〃	下野里	두관이	在習衣面
〃	〃	九山里	거부메	仝
〃	〃	新村	싀초	仝
〃	〃	柳谷里	버들	仝
〃	〃	外甑山里	시루메	仝
〃	〃	內甑山里	仝	仝
〃	〃	碧洞		仝
〃	酒幕名	新村酒幕	싀말주막	仝
〃	〃	深洞 仝	간지주막	仝
〃	〃	上野里 仝	야관이주막	仝
〃	〃	九山里 仝	거부메주막	仝
〃	〃	山龍里 仝	산조기주막	仝
〃	〃	外甑山 仝	시루메주막	仝
〃	峴名	艮峙峴		在習衣面 籠巖里
〃	峙名	洞口峙		仝
深田面	山名	峩嵋山		在深田面 上巨里
〃	〃	羊角山		仝 下巨里
〃	〃	東達山		仝 小三里

面名	種 別	地 名	諺 文	備 攷
〃	坪名	三溪坪		在深田面 大三里,小三里,內基里,農所里.坪村,新農里間
〃	寺刹名	中臺菴		在深田面 上巨里
〃	〃	金崗庵		仝 羊角山
〃	〃	永與寺		仝 峨嵋山今無
〃	〃	王溪寺		在深田面 羊角山前名王溪寺今名金崗庵
〃	川名	平章里川	조분목이닉	在深田面 平章里
〃	〃	龍巖里川		仝 龍巖里
〃	洞里村名	上巨里	위거무러지	在深田面
〃	〃	下巨里	아릭거무러지	仝
〃	〃	水絃里	물즇	仝
〃	〃	龍巖里		仝
〃	〃	平章里		仝
〃	〃	者羅谷里	자라실	仝
〃	〃	上都里	동장골	仝
〃	〃	下都里	仝	仝
〃	〃	下鳥里	식지	仝
〃	〃	中鳥里	仝	仝
〃	〃	上鳥里	仝	仝
〃	〃	下內里	언고기	仝
〃	〃	上內里	안골	仝
〃	〃	金塘里	사당골	仝
〃	〃	茅項里	씌목니	仝

面名	種 別	地 名	諺 文	備 攷
〃	〃	內基里	안터	仝
〃	〃	東山里		仝
〃	〃	新茅里	참시골	仝
〃	〃	新豊里	주졍니	仝
〃	〃	深洞		仝
〃	〃	發岳里	발악뫼	仝
〃	〃	大三里		仝
〃	〃	小三里		在深田面
〃	〃	農所里	못골	仝
〃	〃	坪村		仝
〃	〃	東幕里		仝
〃	〃	判水洞		仝
〃	〃	大勒里	구레밧	仝
〃	〃	小勒里	仝	仝
〃	〃	胎峰里		仝
〃	酒幕名	下鳥里酒幕	시직주막	仝
〃	〃	內基里酒幕	안터주막	仝
〃	〃	小三里酒幕		仝
〃	〃	龍巖酒幕		仝
〃	〃	水絃里酒幕	물줄주막	仝
〃	〃	大三里酒幕		仝
〃	〃	坪村酒幕		仝
〃	〃	東幕里酒幕		仝
〃	〃	胎峰酒幕		仝

面名	種 別	地 名	諺 文	備 攷
〃	〃	下都里酒幕	도장골주막	仝
〃	〃	平章里酒幕		仝
〃	峙名	鳥峙	시지	在深田面 上鳥里
〃	〃	暮乕峙	모리지	仝 新茅里
〃	〃		가루고기	仝 深洞里
〃	古蹟名所名	撲坪所		郡東三十五里今無年夂不紀
北外面	山名	聖住山		在北外面 聖住里
〃	古碑名	大朗慈和尙白月葆光硲碑		仝 仝 新羅朝崔致遠奉敎換
〃	坪名	豊年洞坪		在北外面 豊年洞,桃花潭,元沈里·間
〃	寺刹名	白雲寺		在北外面 聖住山前名崇岩寺
〃	〃	聖住寺		今無年夂不紀
〃	土産名	硯石		在北外面 聖住山硯石,誌石需用
〃	〃	沙金		在北外面 聖住里當今間掘採
〃	川名	橫川	비기닉	在北外面 下介里
〃	〃	上巖川	도화담닉	仝 上巖里
〃	〃	豊年洞川		仝 豊年洞
〃	洞里村名	聖住里		在北外面
〃	〃	造溪里	조계골	仝
〃	〃	上介里	기화닉	仝
〃	〃	下介里	仝	仝
〃	〃	上巖里	다화담	仝

面名	種　別	地　名	諺　文	備　攷
〃	〃	豊年洞		仝
〃	〃	元沈里		仝
〃	站名	憲兵分遣所	병참소	在北外面 上巖里
〃	酒幕名	上巖里酒幕	도화담주막	在北外面
〃	〃	豊年洞 仝		仝
〃	〃	下介里 仝	말지밋주막	仝
〃	〃	聖住里 仝		仝
〃	峙名		바락니지	在北外面 聖住里
〃	〃		상수리지	仝
〃	〃		빕지	仝
〃	土産名	米, 麥, 大豆		
〃	〃	小豆, 荏, 棉花		
〃	〃	烟草, 春布		
〃	昔	銀魚, 紅蛤		
〃		青魚, 鯊魚		
〃		秀魚, 洪魚		
〃		石首魚, 鰒		
〃		魚鰾, 海衣		
〃		烏賊魚, 錢魚		
〃		民魚, 鱸魚		
〃		蛤, 江瑤柱		
〃		細毛, 箭竹		
〃		沙器, 白花蛇		
〃		竹, 葄魚		

14. 홍산(鴻山)

面名	種　別	地　名	諺　文	備　攷
郡內面	洞里名	南村	슈슉골	
〃	〃	北村	븨암골	
〃	〃	安良里	븨양골	
〃	〃	藥峴里	약막지	
〃	〃	坐村		
〃	〃	鴻陽里		
〃	〃	驛村	역말	
〃	〃	蔬谷里		
〃	〃	淸洞	셔완골	
〃	〃	校村	향교말	
〃	〃	亀山里	거부뫼	
〃	〃	土洞		
〃	〃	亭洞	정주안	
〃	山名	中城山	즁지	所在地北村
〃	〃	南山		〃 南村
〃	〃	後山		〃 藥峴里
〃	〃	太城山	태봉산	〃 校村里
〃	〃	天德山		〃 土洞
〃	〃	龍祭山		〃 亭洞
〃	〃	龍心山	노젹산	〃 安良里
〃	〃	卵山	알뫼산	〃 鴻陽里
〃	野名	長堤坪		〃 南村
〃	〃	貫歷坪		〃 北村

面名	種 別	地 名	諺 文	備 攷
〃	〃	蓮峰坪		〃 坐村
〃	〃	揷橋坪		〃 仝
〃	〃	檟木坪	가쥭나무들	〃 仝
〃	〃	社蒼坪		〃 三川里
〃	〃	長承坪		〃 淸洞
〃	〃	下馬坪		〃 校村
〃	〃	蒼溪坪		〃 亭洞
〃	〃	孝子門坪		〃 亀山里
〃	〃	亭子坪	졍지들	〃 亭洞
〃	〃	厲坍坪		所在地厲坍
〃	〃	大寺坪		〃 南村
〃	川名	金川	쇠닉	〃 郡南三里源出陽陰山入于扶餘馬江
〃		岩川	바위닉	〃 北村
〃	〃	社蒼川		〃 鴻陽里
〃	峴名	金峙	쇠시고기	〃 南村
〃	〃	冠峴	갓고기	〃 鴻陽里
〃	〃	龍門峴	용문고기	〃 藥峴
〃	〃	德峙	덕고기	〃 亀山里
〃	酒店名	蓮峰店		〃 南村
〃	〃	冠峴店	갓고기	〃 鴻陽里
〃	〃	茅亭川店	모졍닉쥬막	〃 蕪谷
〃	〃		골너미쥬막	〃 土洞
〃	谷名		쇠젹골	〃 南村

面名	種 別	地 名	諺 文	備 攷
〃	土産物	生苧		〃 仝
〃	橋名	萬德橋		〃 仝
〃	〃	金川橋	쇠닉다리	〃 仝
〃	〃	廉川橋		〃 北村
〃	堤堰名	龍門堤	용문방죽	〃 安良里
〃	市場名	邑內市		〃 北村
〃	驛名	宿鴻驛		〃 驛村
南面	洞里名	社谷里	사당골	
〃	〃	船西里	빅야위	
〃	〃	船東里	빅야위	
〃	〃	新基里	싀터	
〃	〃	內西里	벌터	
〃	〃	內東里	안골	
〃	〃	真谷里	참실	
〃	〃	檜西里	즛거루안뜸	
〃	〃	檜東里	화사동	
〃	〃	松谷里		
〃	〃	帍岩里		
〃	〃	馬西里		
〃	〃	馬東里		
〃	山名	鷹峰山	미봉지	所在地社谷里
〃	〃	上帝峰山	상제봉	〃 船東里
〃	〃	青龍山	쳥용박이	〃 仝
〃	〃	銅谷山	놋동골산	〃 新基里

面名	種 別	地 名	諺 文	備 攷
〃	〃	物美山	물뫼산	〃 松谷里
〃	〃	土城山	토셩부	〃 虎岩里
〃	野名	九龍浦坪	구렁기	〃 馬井里
〃	〃	砧橋坪	방아다리	〃 社谷里
〃	〃	壽良坪	슈량들	〃 仝
〃	〃	內基坪	안터들	〃 仝
〃	〃	無量坪	무량들	〃 仝
〃	〃	孝子田坪	효자밧들	〃 仝
〃	〃		슈량들	〃 馬井里
〃	〃	薪橋坪		〃 仝
〃	川名	薪橋川	삽다리니	〃 船東里郡東南七里金川下流
〃	〃		돌보니	〃 檜西里
〃	〃		시니	〃 馬井里
〃	嶺峴名	西風嶺	서풍이고기	〃 船西里
〃	〃	馬可山峙	마가산고기	〃 船東里
〃	〃		갈망골고기	所在地船東里
〃	〃		시마지	〃 內東里
〃	〃		궁구지	〃 仝
〃	〃	院峙	원지	〃 檜西里
〃	〃	苧田峙	모시밧지	〃 檜東里
〃	〃		별쫑지	〃 仝
〃	〃	将承峴	장승고기	〃 虎岩里
〃	酒店名	薪橋店	삽다리주막	〃 船東里

面名	種 別	地 名	諺 文	備 攷
〃	〃	長登店	진등쥬막	〃 社谷里
〃	〃	真谷店	참실쥬막	〃 真谷里
〃	〃		물미쥬막	〃 松谷里
〃	〃		지경터쥬막	〃 馬井里
〃	橋名	鴻雁橋	홍안다리	〃 新基里
〃	〃	南星橋	남셩이다리	〃 仝
〃	〃	蒼龍橋	창용위다리	〃 內西里
〃	谷名	少年谷	졀머골	〃 社谷里
〃	〃	長平谷	장평골	〃 仝
內山面	洞里名	塾洞		
〃	〃	鹿澗里		
〃	〃	米岩里		
〃	〃	苧洞		
〃	〃	地隅里	지루지	
〃	〃	麻田里	삼바실	
〃	〃	蟹峙里	긔지	
〃	〃	溫首里		
〃	〃	芝峙里		
〃	〃	高葛里		
〃	〃	內垈里		
〃	〃	巽垈里		
〃		板橋里		
〃	〃	選沙里		
〃	〃	佳德里	가리즘골	

面名	種　別	地　名	諺　文	備　攷
〃	〃	金池里		
〃	〃	槐木里		
〃	〃	山所里	관터	
〃	〃	棲雲里	산즉말	
〃	山名	鷄香山		所在地米岩里
〃	〃	青鶴山	푸루뫼	〃 地隅里
〃	〃	文繍山		〃 蟹峙
〃	〃	寺谷山		〃 芝峙
〃	〃	白馬山		〃 內垈里
〃	〃	峨嵋山		〃 仝
〃	〃	禱佛灵山	도불형산	〃 仝
〃	〃	半月形山		〃 仝
〃	〃	月明山		〃　佳德里在郡北九里来自峨嵋山
〃	〃	無等山		〃 槐木里
〃	野名	堂軒坪	당마루들	〃 塾洞里
〃	〃	壽良坪	슈랑들	〃 鹿磵洞
〃	〃	鳥嶺坪	시지들	〃 麻田里
〃	〃	亭子坪	정ᄌᆞ들	所在地麻田里
〃	〃	佳樂亭坪	가락졍들	〃 芝峙里
〃	〃	鸞舞坪		〃 蟹峙里
〃	〃	龍橋坪	용다리들	〃 溫首里
〃	〃	酒缸坪	슐항들	〃 高葛里
〃	〃	金盤坪		〃 內垈里

面名	種　別	地　名	諺　文	備　攷
〃	〃		슈량나드리	〃 山所里
〃	川名	白馬川		〃 內垈里
〃	峴峙名	芝峙		〃 芝峙里
〃	〃	高葛峙		〃 仝
〃	〃	福德峙		〃 高葛里
〃	〃	上塩峙	웃쇼금지	〃 仝
〃	〃	下塩峙	아릭쇼금지	〃 仝
〃	〃	舟峙		〃 巽沙里
〃	〃	寒意峙		〃 佳德里
〃	〃	九龍谷峙		〃 槐木里
〃	〃	月峴	달고기	〃 鹿磵里
〃	〃	舞龍峴		〃 山所里
〃	岑峰名	王女峰		〃 內垈里
〃	〃	将軍峰		〃 巽沙里古有将軍水
〃	〃	蓄英岺		〃 鹿磵里
〃	酒店名	龍橋店	용다리쥬막	〃 溫首里
〃	洑名	遠涯洑		所在地塾洞里
〃	〃	龍洑		〃 地隅里
〃	岩名	化仙岩		〃 巽沙里　古舒川郡守具鳳燮化仙於此地云
〃	谷名	福德谷		〃 溫首里
〃	〃	九龍谷		〃 仝
〃	池名	金池		〃 金池里
〃	寺刹名	金池寺		〃 仝

面名	種 別	地 名	諺 文	備 攷
上西面	洞里名	自鳴里		
〃	〃	上笠里		
〃	〃	下笠里		
〃	〃	新基里		
〃	〃	加川里		
〃	〃	加莊里		
〃	〃	飛鴻里		
〃	〃	木洞		
〃	〃	寶谷里		
〃	〃	龍淵里		
〃	〃	鳳谷里		
〃	〃	堂山里		
〃	〃	院谷里		
〃		陽岩里		
〃	〃	毛屹里		
〃	〃	石隅里		
〃	〃	新西里		
〃	〃	閑洞		
〃	〃	防中里		
〃	山名	天德山		所在地自鳴里
〃	〃	月明山		〃 仝
〃	〃	飛鴻山		〃 加莊里 郡西二里来自居次山
〃	〃	石峙山		〃 仝

面名	種 別	地 名	諺 文	備 攷
〃	〃	光明山		〃 仝
〃	野名	保道坪	보도막들	〃 仝
〃	〃	衿山坪		〃 仝
〃	〃	軒坪	마루들	〃 仝
〃	〃	揭坪	탑거리들	〃 仝
〃	〃	四汲坪		〃 木洞里
〃	〃	成篁坪		〃 仝
〃	〃	中洑坪		〃 仝
〃	〃	彌勤坪		〃 仝
〃	〃	麗水坪		所在地加莊里
〃	〃	松隅坪	솔모루들	〃 堂山里
〃	〃	水港坪		〃 陽岩里
〃	〃	長橋坪		〃 毛屹里
〃	川名	募長川	모장닉	〃 院谷里
〃	橋名	自鳴橋	자명이다리	〃 自鳴里
〃	〃	中長橋	장다리	〃 毛屹里
〃	洑名	川方洑	쳔방이보	〃 飛鴻里
〃	〃	中洑		〃 仝
〃	〃	杜池洑	두지메보	〃 新西里
〃	堤堰名	龍文堤		所在地閑洞里
〃	峴峙名	九折峙	아홉사리	〃 自鳴里
〃	〃	鳩峙	비텩지	〃 仝
〃	〃	城隍峙	셩황당이	〃 新基里
〃	〃	市峙	장고기	〃 仝

面名	種 別	地 名	諺 文	備 攷
〃	庵子名	天兩庵	절터골	〃 加莊里 古有寺刹今爲祈兩基云
〃	旋門	孝子門		〃 鳳谷里
下西面	洞里名	大馬里		
〃	〃	富德里		
〃	〃	日遊里		
〃	〃	雁谷里		
〃	〃	安西里		
〃	〃	少安里		
〃	〃	曾岩里		
〃	〃	加德里		
〃	〃	瓮店里		
〃	〃	新基里		
〃	〃	栗洞		
〃	〃	內洞		
〃	〃	車岱里		
〃	山名	夕陽山		所在地富德里
〃	〃	圓全山		〃 日遊里
〃	〃	後山	뒤뫼	〃 加德里
〃	川名	甑岩川		〃 安西里
〃	野名	竹林坪		〃 車岱里
〃	〃	求禮坪		〃 仝
〃	〃	長登坪		〃 安西里
〃	〃	江水坪		〃 安西里

面名	種　別	地　名	諺　文	備　攷
〃	〃	水浪坪		〃 新基里
〃	〃	書堂坪		〃 日遊里
〃	〃	柳川坪		〃 新基里
〃	堤堰名		창듸방죽	〃 車垈里
〃	洑名		시루보	〃 曾岩里
〃	嶺峙名	油店峙	분터골지	〃 日遊里
〃	〃	城隍峙		〃 安西里
〃	〃	官馬峙		〃 仝
〃	〃	兎峙	퇴기지	〃 仝
〃	〃	高分峙		〃 加德里
〃	峯名	花煎峰		〃 安西里
〃	〃	龍卵峰		所在地車垈里
〃	谷名	龍岩谷		〃 日遊里
〃	〃	書堂谷		〃 仝
〃	〃	可莊谷		〃 仝
上東面	洞里名	三川里		
〃	〃	龍城里		
〃	〃	芳溪里		
〃	〃	竹里		
〃	〃	內堂里		
〃	〃	外堂里		
〃	〃	下鳥里		
〃	〃	松樹里		
〃	〃	掛鏡里		

面名	種　別	地　名	諺　文	備　攷
〃	〃	東村		
〃	〃	松竹里		
〃	〃	石橋里		
〃	〃	扶頭里		
〃	山名	鉦山	징판지	所在地松樹里
〃	〃	燈山	등잔고기	〃 松竹里
〃	〃	蚕頭山	누에머리	〃 石橋里
〃	〃	堂山	당지	〃 外堂里
〃	〃	安德山	질굿지	〃 仝
〃	〃	陳登山		〃 仝
〃	〃	堂峴山		〃 扶頭里
〃	野名	王哥洞坪	왕기들	〃 外堂里
〃	〃	後坪	뒤들	〃 內堂里
〃	〃	九龍浦坪	구령기들	〃 扶頭里
〃	川名	赤川	불그닉	〃 竹里
〃	橋名	廣大橋	광딕다리	〃 仝
〃	酒店名	三巨里店	삼거리쥬막	〃 仝
〃	旋門	孝子門		〃 三川里
〃	土産物	水鉄		〃 石橋里
〃	〃	鍮器		〃 三川里
〃	〃	生苧		〃 竹里
〃	〃	網巾		〃 仝
〃	池名	黃龍池	황용굿	〃 內堂里
〃	〃	嶌石池	학셕못	所在地外堂里

面名	種　別	地　名	諺　文	備　攷
〃	〃		슈유둠벙	〃 仝
〃	〃		슌거둠벙	〃 仝
海岸面	洞里名	金西里		
〃	〃	金東里		
〃	〃	新基里		
〃	〃	大寺洞		
〃	〃	小寺洞		
〃	〃	日曆里		
〃	〃	鵲橋里		
〃	〃	砧山里		
〃	〃	地境里		
〃	〃	杏村		
〃	〃	新城里		
〃	〃	禿城里		
〃	〃	望亭里		
〃	〃	鷗遊里		
〃	〃	龍岩里		
〃	〃	山幕洞		
〃	〃	竹節里		
〃	〃	東雙里		
〃	〃	西雙里		
〃	〃	望東里		
〃	〃	望西里		
〃	〃	望中里		

面名	種 別	地 名	諺 文	備 攷
〃	山名	王山	구슈뫼	所在地新城
〃	〃	佛堂山		〃 禿城里
〃	〃	鳳凰山		〃 仝
〃	〃	鹿馬山		〃 新基里
〃	〃	白馬山		〃 金東里
〃	野名	餠海坪	썩바딕	〃 金西里
〃	〃	宗坪	마루들	〃 仝
〃	〃	弘文坪	홍문졍이	〃 仝
〃	〃	碑橋坪	비다리들	〃 仝
〃	〃	宮坪	궁들	〃 大寺洞
〃	川名	醺川	메쥬닉	所在地金西里
〃	祠名	彰烈祠		〃 金東里
〃	酒店名		논틔쥬막	〃 仝
〃	〃		장셩쥬막	〃 仝
〃	〃		먹고기쥬막	〃 仝
〃	堤堰名	西雙堤	셔쌍방죽	〃 西雙里
〃	池名		큰둠벙	〃 仝
〃	洑名		슈랑닉보	〃 仝
〃	〃		궁들리보	〃 仝
〃	〃		용암보	〃 龍岩里
大也面	洞里名	薪西里	식숑니	
〃	〃	薪東里	딕야골	
〃	〃	上鳥里		
〃	〃	仙亭里		

面名	種 別	地 名	諺 文	備 攷
〃	〃	務中里		
〃	〃	務良里		
〃	〃	加洞		
〃	〃	白洞		
〃	〃	晩者里		
〃	〃	鞍峙里		
〃	〃	竹林里		
〃	〃	棲雲里		
〃	〃	栗峙里		
〃	〃	山底里		
〃	〃	竗院洞		
〃	〃	新基里		
〃	〃	勒洞里		
〃	〃	上井里		
〃	〃	瓦川里		
〃	〃	上老里	윗삽틔	
〃	〃	下老里	아릐삽틔	
〃	山名	天寶山		所在地勒洞郡北十三里来白月明山
〃	〃	芝香山		〃 棲雲里
〃	〃	光明山		〃 新基里
〃	〃	燈高山		〃 務中里
〃	〃	兎峰山	테봉산	〃 上老里
〃	〃	露積山		〃 仝

面名	種 別	地 名	諺 文	備 攷
〃	野名	長沙坪	장싸릐들	〃 新基里
〃	〃	仙采坪		〃 仝
〃	酒店名		웃삽틔쥬막	〃 仝
〃	堤堰名	務良堤		〃 務良里
〃	〃	勒洞堤		〃 勒洞里
〃	峴峙名	滿榮峙	말연골고기	所在地加洞里
〃	〃	鱗峙	비눌고기	〃 瓦川里
〃	〃	馬達峙	달마고기	〃 白洞里
外山面	洞里名	福西里		
〃	〃	福東里		
〃	〃	鳥峙里		
〃	〃	馬洞		
〃	〃	新城里		
〃	〃	花岩里		
〃	〃	前庄里		
〃	〃	舟岩里		
〃	〃	文祥里		
〃	〃	九臣里		
〃	〃	上新里		
〃	〃	上水里		
〃	〃	下飛里		
〃	〃	龍水里		
〃	〃	上飛里		
〃	〃	苧洞		

面名	種 別	地 名	諺 文	備 攷
〃	〃	長仙里		
〃	〃	芝丹里		
〃	〃	囬洞		
〃	〃	下水里		
〃	〃	梨亭里		
〃	〃	王山里		
〃	〃	獐項里		
〃	〃	洞口里		
〃	〃	下新里		
〃	山名	萬壽山	덤벅산	所在地洞口里 郡北三十七里来自星台山
〃	〃	月下山	달아산	〃 福洞里
〃	〃	坎鳳山		〃 花岩里
〃	〃	極樂山		〃 下水里
〃	〃	星台山		〃 上新里
〃	〃	文峯山		〃 仝
〃	川名	龍渊川		〃 下新里
〃	〃	三綱渊川		所在地下新里
〃	峯名	五老峯	소로봉	〃 仝
〃	〃	錦文峯		〃 梨亭里
〃	峴峙名	獐項峴	노루목	〃 仝
〃	〃	高葛峙	쏘갈지	〃 仝
〃	〃	扶餘峙	구리기지	〃 九臣里
〃	名所名	花岩臺		〃 仝 花岩臺卽古妓名而勝遊於此故古人

面名	種 別	地 名	諺 文	備 攷
				因名爲花岩臺一塔尙存云
〃	寺刹名	無量寺		〃 洞口里
〃	谷名	蓮花谷	녜닉골	〃 下新里
〃	酒店名	臨水臺店		〃 仝
〃	〃	北斗門店		〃 仝
〃	奇花名	櫻樹	사구라	〃 桃花潭
〃	〃	楓林	모미지	〃 仝
〃	土産名	桼, 苧, 柿		
〃	〃	蟹, 柴胡		
〃	〃	玄蔘		
海岸面	山名	望心山		
〃	〃	甑山		
〃	川名	稱造川		
〃	〃	金陽川		
〃	名所名	讀書岩		
〃	〃	三島		
外山面	川名	臨水臺川		
〃	池名	鍾沉淵		
上西面	峴名	九折坂		
〃	堤堰名	加倉堤		
〃	名所名	碁岩		
下西面	峴名	大蘇峴		
〃	〃	曲峙		

面名	種 別	地 名	諺 文	備 攷
南面	峴名	安庄峴		
郡內面	城堡名	古邑城		
內山面	城堡名	古山城		
上東面	堤堰名	松竹洞堤		
大也面	堤堰名	山底堤		

15. 부여(扶餘)

면명	종 별	지 명	언 문	비 고
縣內面	山谷名	扶蘇山	부쇼산	本郡郡廳後
〃	〃	錦城山	금셩산	東山里後
〃	野坪名	柴桑坪	시상평	鶴棲里後
〃	渡津名	舊校津	구두리	白馬江上流
〃	〃	古省津	고셩진	今無
〃	古蹟名所名	平濟塔	평제탑	(東山里前) 唐将蘇定方平百濟後建立
〃	〃	落花岩	낙화암	(扶蘇山後) 百濟時宮女歎亡國登此岩投死江中
〃	〃	釣龍臺	됴룡디	(白馬江上流) 唐将進兵時釣龍于岩上有靴跡
〃	〃	燒燼米	탄쌀	(扶蘇山) 百濟時倉庫敷地土中有燒燼米
〃	〃	山有花	산유화(노릐)	百濟時農夫歌
〃	寺刹名	皐蘭寺	고란사	扶蘇山後在郡北三里
〃	古碑名	劉仁願碑	유인원비	(扶蘇山)唐将劉仁願平百濟後建立今 折傷字頑
〃	城堡名	半月城	반월셩	自扶蘇山至大方面塩倉里百濟城地尙存
〃	〃	青山城	청산셩	扶蘇山
〃	院名	福泉院	복천원	今黑川里
〃	酒幕名	雙九酒幕	거무니쥬막	雙九里前
〃	〃	舊校酒幕	구두리쥬막	舊校津頭

면명	종 별	지 명	언 문	비 고
〃	洞里名	黑川里	흑쳔리	邑內
〃	〃	官北里	관북리	〃
〃	〃	红門里	허문리	〃
〃	〃	舊侢里	옥뒤	〃
〃	〃	舊校里	구두릐	邑附近
〃	〃	鶴棲里	장승박이	〃
〃	〃	新垈里	막꼴	〃
〃	〃	馬川里	마릐	〃
〃	〃	郡守里	군슈뜰	郡南半里
〃	〃	東山里	동살니	邑附近
〃	〃	雙九里	거무닉	〃
〃	〃	北浦里	뒤싀	〃
〃	〃	氷庫里	빙고지	〃
大方面	山谷名	烏石山	오셕산	烏山里後
〃	〃	白苧山	빅져산	唐里後
〃	〃	七星峯	칠셩봉	陵山里後
〃	〃	王女峯	옥녀봉	上塩里後
〃	〃	筆舒峯	필셔봉	君石里後
〃	〃	鷹峯	믹봉	下塩里後
〃	野坪名	大旺坪	딕왕평	大旺里前
〃	〃	樊池坪	번지평	旺湖里後
〃	〃	長夂坪	장구들	佳束里後
〃	〃	獨坐坪	독좌평	九浦里前
〃	〃	駕馬坪	가마들	上塩里前

면명	종 별	지 명	언 문	비 고
〃	〃	下塩坪	하념들	下塩里前
〃	古蹟名	義塩倉	의념창	下塩里 百濟時聚塩于地
〃	渡津名	杜岩津	두암나루	下塩里前
〃	浦名	大旺浦	딕왕포	大旺里前
〃	江名	濂滄江	념창강	下塩里前
〃	嶺峙名	君石嶺	군들고기	君石里後
〃	酒幕名	佳束里酒幕	가실기쥬막	佳束里前
〃	〃	山幕酒幕	산막쥬막	山幕里前
〃	〃	大旺浦酒幕	딕왕늬쥬막	大旺里前
〃	〃	君石酒幕	군돌쥬막	君石里前
〃	洞里名	君石里	군돌	在郡東一里
〃	〃	東里	동니	〃 〃
〃	〃	上塩里	위영충니	〃 〃 一里半
〃	〃	中里	즁니	〃 南半里
〃	〃	唐里	당니	〃 〃 半里
〃	〃	遆馬里	쳬마쇼	〃 東一里
〃	〃	下塩里	아릐영창니	〃 南一里
〃	〃	塔洞	탑골	〃 〃 半里
〃	〃	山幕里	산막골	〃 東二里
〃	〃	烏山里	오살미	〃 〃 一里
〃	〃	陵山里	능뫼	〃 〃 一里
〃	〃	佳束里	가숄기	在郡東半里
〃	〃	大旺里	딕왕니	〃 南半里

면명	종 별	지 명	언 문	비 고
〃	〃	九井里	구졍니	〃 〃 半里
〃	〃	旺湖里	왕호	〃 〃
〃	〃	九浦里	구러기	〃
草村面	山谷名	望月山	망월산	畓洞後 在郡東十五里公州鷄龍山來脉
〃	〃	瞻望山	쳠망산	畓洞前
〃	野坪名	宗坪	마루들	下蓮里前
〃	江川名	長亭川	장졍니	三巨里後
〃	嶺峙名	新岩峙	신암고기	新岩里後
〃	堤堰名	菊嶺堤	국녕제은	上菊里前 一名菊令池
〃	池名	武加尾	무더미못	草里前
〃	城堡名	百濟城	빅제셩	新中後山
〃	古蹟名	寺塔	절탑	塔洞前
〃	酒幕名	碑立店	비션거리쥬막	鷹洞後
〃	〃	三街酒幕	숨거리쥬막	下蓮里前
〃	寺刹名	望月寺	망월사	望月山今廢寺
〃	洞里名	畓洞	오리논골	郡東三里
〃	〃	細洞	가는골	〃 三里
〃	〃	新松里	용현	〃 三里
〃	〃	上菊里	윗국녕이	〃 三里
〃	〃	下菊里	아릐국녕이	〃 三里
〃	〃	下坪里	하평	〃 三里
〃	〃	中坪里	즁평	〃 二里半
〃	〃	上坪里	상평	〃 三里

면명	종 별	지 명	언 문	비 고
〃	〃	草里	시울	〃 三里半
〃	〃	鷹洞	미꼴	〃 二里半
〃	〃	新岩里	신암	〃 二里
〃	〃	上蓮里	상연	〃 三里
〃	〃	下蓮里	하연	〃 三里
〃	〃	乾坪里	고쵸골	〃 三里
〃	〃	塔洞里	닉연	〃 三里
〃	〃	中里	즁니	〃 二里
蒙道面	山谷名	周張山	쥬장산	井洞後
〃	野坪名	旺津坪	왕진들	注自旺里前
〃	江川名	佳增川	가증기닉	佳增里前
〃	〃	柳村川	버들잉이닉	柳村前
〃	〃	石灘	돌여울	今村名
〃	渡津名	旺津	왕진	定山界
〃	浦名	光之浦	광지포	井洞前野云未詳
〃	驛名	龍田驛	용젼역말	今龍田里
〃	池名	萬光池	만광지	石橋里後 一云萬光堤
〃	嶺峙名	鳳峴	봉고기	中間里後
〃	古蹟名	義烈祠	의열사	(石井里)百濟時忠臣位安處今毁撤
〃	洞里名	石井里	돌졍이	在郡東一里
〃	〃	中間里	즁간리	東一里半
〃	〃	注自旺里	도구머리	東一里
〃	〃		희졍골	〃 〃 二里

면명	종 별	지 명	언 문	비 고
〃	〃	松亭里	숑졍리	〃 〃 一里半
〃	〃		돌여울	〃 〃 二里
〃	〃	垈谷里	터골	〃 〃 二里
〃	〃	錦岩里	금암	〃 〃 二里
〃	〃		참나무골	〃 〃 半里
〃	〃	龍田里	용젼	〃 〃 一里
〃	〃	松三里	숑삼리	〃 〃 一里半
〃	〃	粉垈里	분터	〃 〃 一里
〃	〃	新塔里	신탑골	〃 〃 二里半
〃	〃	小龍里	쇼룡골	〃 〃 一里
〃	〃	佳增里	가증기	〃 〃 一里
〃	〃	石橋里	논졀	〃 〃 半里
〃	〃	上水落里	워슈락	〃 〃 一里半
〃	〃	下水落里	아릐슈락	〃 〃 一里半
〃	〃	竹鶴里	쥭학	〃 〃 二里
〃	〃	井洞里	싀암골	〃 北一里
〃	〃	葛洞里	갈동	〃 東一里半
〃	〃	寶角里	보각골	在郡東二里
〃	〃	楮采里	져치리	〃 〃 一里
〃	〃	新垈里	듸울	〃 〃 二里
道城面	山谷名	蔚城山	울셩산	新里後
〃	〃	浮山	부산	津邉里後
〃	〃	淺張谷	쳔장곡	蔚城山下
〃	江川名	白馬江	빅마강	津邉里前在郡面五里

면명	종 별	지 명	언 문	비 고
				良丹浦及金剛川與公州錦江合流入林川郡署稱爲古多津
〃	〃	長洲川	장쥬닉	長洲里前
〃	〃	屛岩溪	병암닉	江水洞前(中里)
〃	渡津名	白馬津	빅마강나루	津邉里前
〃	〃	虎岩津	범바외나루	虎岩里前
〃	野坪名	長水坪	장슈들	江水洞前(中里)
〃	〃	良丹坪	양단니들	新里前一名良丹浦云
〃	堤堰名	水防隄	물방쑥	新里前
〃	寺刹名	鷩龍寺	경룡사	浮山今無
〃	〃	浮山寺	부산졀	上仝
〃	〃	煥文菴	환문암	上仝
〃	〃	虎巖寺	호암졀	虎岩里後今無
〃	古蹟名	天政臺	쳔졍딕	虎岩里左邉百濟義慈王政事臺
〃	〃	大哉閣	딕지각	(白馬江邉)岩上前李白江疏批
〃	城堡名	姑城	할미셩	江水洞後
〃	〃	甑山城	시루메셩	上仝
〃	〃	農堡	농보	新中里前
〃	酒幕名	津邉店	진변쥬막	津邉里
〃	〃	虎岩店	범바위쥬막	虎岩里前
〃	〃	九龍店	구룡말쥬막	九龍里前
〃	〃	咸陽店	함양이쥬막	咸陽里前
〃	書院名	浮山書院	부산셔원	津邉里後今毁撤

면명	종별	지명	언문	비고
〃	洞里名	津邉里	빅강	郡西半里
〃	〃	水源里	슈원터	〃 半里
〃	〃	新里	시말	〃 半里
〃	〃	午谷里	오실	〃 半里
〃	〃	新垈里	신듸	〃 一里
〃	〃	合井里	합졍골	〃 一里
〃	〃	水沓里	듸야골	〃 一里
〃	〃	下虎岩里	아릐범바위	郡北一里
〃	〃	上虎岩里	위범바위	〃 一里
〃	〃	長洲里	장쥬	〃 一里
〃	〃	新九岩里	왕안리	郡西半里
〃	〃	金沙里	금시	〃 北一里
〃	〃	上中里	위강슈울	〃 西一里半
〃	〃	下中里	이릐강슈울	〃 〃 一里半
〃	〃	新中里	시터	〃 〃 一里半
〃	〃	九龍里	구룡말	〃 〃 二里
〃	〃		함양리	〃 〃 一里
公洞面	山谷名	鳳凰山	봉황산	三巨里後
〃	〃	山作谷	산지골	長佐里後
〃	〃	多任峰	다림봉	王佳里後
〃	〃	老嫗峰	할미봉	仝上
〃	野坪名	兄弟岩坪	형제바위들	檜谷里前
〃	〃	青坪	청들	琴江里前
〃	江川名	琴江川	금강이닉	仝上一名金剛川

면명	종 별	지 명	언 문	비 고
〃	院名	金剛院	금강원	仝上今琴江里云
〃	池名	大堤池	딕제못	三巨里前
〃	洑名	琴江洑	금강이보	琴江里前
〃	〃	兄弟洑	명막보	檜谷里前
〃	嶺峙名	斜陽峙	싀양치	青陽界
〃	〃	場峴	장고기	王佳里後
〃	〃	墨峴	먹고기	檜谷里右邉
〃	酒幕名	龍頭里店	용두리쥬막	龍頭里前
〃	〃	琴江里店	금강이쥬막	琴江里前
〃	〃	兄弟嶺店	형제바위쥬막	檜谷里前
〃	〃	墨峴店	먹고기쥬막	方生面界
〃	洞里名	閥里	벌말	郡西三里
〃	〃	檜谷里	져실	〃 二里
〃	〃	琴江里	금강리	〃 二里
〃	〃	龍頭里	용두두리	〃 四里
〃	〃	楮田里	닥바실	〃 三里
〃	〃	長佐里	장좌울	〃 三里
〃	〃	三巨里	세거리	〃 三里
〃	〃	自采里	자치울	〃 三里
〃	〃	王佳谷里	옥가실	〃 三里
〃	〃	中里	고부실	〃 二里
〃	〃	公洞里	귀골	〃 二里
〃	〃	鳳垈里	안져울	〃 二里
方生面	山谷名	鷲嶺山	축녕손	雲岩里後

면명	종 별	지 명	언 문	비 고
〃	〃	道泉谷	도쳔골	㳥木里後
〃	〃	天涯山	텬의산	〃
〃	〃	高啼峰	고제봉	恩山里西方
〃	〃	鶴離峰	학니봉	〃 南方
〃	嶺峙峴名	烏嶺	시지	烏嶺里後
〃	〃	羅鉢峙	나발틔	羅馬里後
〃	寺刹名	道泉寺	도쳔사	㳥木里後(今無)
〃	驛名	恩山驛	은산역	恩山里
〃	市場名	恩山場	은산장	〃
〃	野坪名	館前坪	관압들	恩山里前
〃	〃	越洑坪	건너보들	恩山里西
〃	堤堰洑名	金井洑	금졍보	新垈里前
〃	〃	館前洑	관압보	恩山里前
〃	〃	越洑	건너보	黃山里前
〃	〃	藥物洑	약물보	黃山里後
〃	江川溪磵名	方生川	방싱골니	方生面을貫徹
〃	酒幕名	汝加里酒幕	너더리쥬막	烏嶺下
〃	〃	堤下酒幕	어덕밋쥬막	東幕里下
〃	〃	大陽里酒幕	딕양골쥬막	大陽里前
〃	〃	拘項酒幕	기목쥬막	中山里前
〃	〃	洪溪酒幕	너벅닉쥬막	上下洪溪里
〃	洞里村名	新垈里	시터	郡西一里半
〃	〃	恩山里	은산	〃 一里半
〃	〃	大恩里	삿디울	〃 一里半

면명	종 별	지 명	언 문	비 고
〃	〃	山直里	ᄉᆞᆫ직말	〃 二里
〃	〃	黃山里	노루먹이	〃 二里
〃	〃	鷄龍里	계룡당니	〃 二里
〃	〃	下洪里	아ᄅᆡ너벅ᄂᆡ	〃 二里
〃	〃	上洪里	위너벅ᄂᆡ	〃 二里
〃	〃	後洞	뒤골	〃 二里
〃	〃	檢山洞	검ᄉᆞᆫ골	〃 二里
〃	〃	中山里	듕뫼	郡西二里
〃	〃	大陽里	ᄃᆡ양골	〃 二里
〃	〃	番布里	ᄎᆞ즁니	〃 二里
〃	〃	三槐里	삼괴뎡니	〃 三里
〃	〃	午利里	오리울	〃 三里
〃	〃	柒木里	옷나무골	〃 三里
〃	〃	東幕里	동막니	〃 三里
〃	〃	鳥嶺里	ᄉᆡᄌᆡ	〃 三里
〃	〃	外羅馬里	밧나마리	〃 三里半
〃	〃	內羅馬里	안나마리	〃 三里半
〃	〃	溫塔里	온탑니	〃 三里半
〃	〃	松內里	너더리	〃 三里半
加佐面	山谷名	積融峯	젹륭봉	崇角里後
〃	〃	土谷	헉골	仝上
〃	〃	寺谷	졀골	仝上
〃	〃	斗主峯	두쥬봉	上屯里後
〃	〃	龍鸞谷	룡난골	仝上

면명	종 별	지 명	언 문	비 고
〃	〃	壺裡谷	호리골	仝上
〃	寺刹名	崇角寺	슝각졀	崇角里後今無
〃	嶺峙名	渴牛峴	갈우고기	外敬里右邉
〃	洞里名	大佳里	가좌울	郡西二里
〃	〃	外中里	밧즁말	〃 二里
〃	〃	內中里	안즁말	郡西二里
〃	〃	上屯里	웍두터골	〃 三里
〃	〃	內敬里	안경슈터	〃 二里
〃	〃	秀川里	쎄니	〃 二里
〃	〃	內岱里	안터	〃 二里
〃	〃	地境里	망히	〃 二里半
〃	〃	外首陽里	밧슈양리	〃 二里
〃	〃	內首陽里	안슈양리	〃 二里
〃	〃	外敬里	밧경슈터	〃 二里
〃	〃	陽地里	함젹골	〃 二里
〃	〃	大岱里	큰터골	〃 三里
〃	〃	崇角里	슝각	〃 三里
〃	〃	新興里		
松堂面	山谷名	放鴉山	방아다리손	松西里後
〃	〃	龍衡山	용츙손	松東里後
〃	野坪名	如水坪	여슈들	松西里後
〃	〃	防築坪	박쥭들	仝 里前
〃	江川名	新堤川	싀뚝니	仝 里後
〃	池名	新橋池	신교지	仝 里前 今作畓

면명	종 별	지 명	언 문	비 고
〃	酒幕名	長口項店	장구먹쥬졈	仝
〃	洞里名	石隅里	슉당니	郡西一里
〃	〃	月鶴里	쵸동	〃 一里
〃	〃	柿木里	감나무골	〃 一里半
〃	〃	蘆花里	노화시터	郡西二里
〃	〃	所里三里		
淺乙面	山名	烏目山	오목산	三巨里前
〃	江川名	間浦	시강	內里前
〃	〃	蛤灘	죠기여울	日勢村前
〃	渡津名	窺岩津	엿바위나루	窺岩里前
〃	堤堰名	農會堰	농회ᄉ제은	窺岩里後
〃	〃	陽塘堰	양당은	日光村前
〃	古蹟名	自溫臺	ᄌ온디	(窺岩津頭)百濟王出遊岩上奸臣以火溫之
〃	〃	水北亭	슈북졍	(窺岩里後)金興國建箏
〃	酒幕名	窺岩里酒幕	엿바위쥬막	窺岩里
〃	〃	北石酒幕	북셕이쥬막	內里前
〃	〃	三巨里酒幕	삼거리쥬막	三巨里前
〃	洞里名	窺岩里	엿바위	郡西半里(一名倉里)
〃	〃	杰山里	걸뫼	〃 一里
〃	〃	乭里	돌말	〃 半里
〃	〃	內里	닉니	〃 一里
〃	〃	檢卜里	곰복골	〃 一里
〃	〃	羅卜里	나복니	〃 一里半

면명	종 별	지 명	언 문	비 고
〃	〃	乾芝里	건지말	〃 一里半
〃	〃	菜野里	거문거리	〃 一里
〃	〃	茅洞	띄울	〃 一里
〃	〃	新垈里	싀터	〃 一里
〃	〃	盤山里	쇼반뫼	〃 一里
〃	〃	芿不里	부여머리	〃 二里
〃	〃	感陽里		
〃	土産名	葦語, 秀魚		
〃	〃	鯉魚, 鱸魚		
〃	〃	白魚		

16. 정산(定山)

面名	種　別	地　名	諺　文	備　攷
邑面	山谷名	梧桐山		邑面 奮伺垈里
〃	〃	杜陵山		〃 白谷里
〃	渡津名	–	-	
〃	驛名	楡楊驛		〃 驛村里今廢
〃	市場名	邑內場		〃 邑內
〃	池名	–	-	
〃	關防名	–	-	
〃	古碑名	–	-	
〃	野坪名	塔橋坪	탑다리평	〃 王巨里
〃	〃	新月坪	싀다리평	〃 艾峙里
〃	〃	驛村坪		邑面 驛村
〃	〃	通山坪		〃 通山里
〃	〃	巨物坪	거무라지평	仍面場垈里地界八邑面
〃	面社坊名	邑面	-	
〃	院名	–	-	
〃	浦口名	–	-	
〃	堤堰洑名	–	-	
〃	土産名	租		
〃	〃	大麥		
〃	〃	小麥		
〃	〃	大豆		
〃	〃	棉花		

面名	種 別	地 名	諺 文	備 攷
〃	〃	小豆		
〃	〃	苧		
〃	江川溪澗名	西亭溪		邑面 西亭里
〃	〃	常心川		〃 常心里
〃	〃	水村澗		〃 水村
〃	洞里村名	龍頭里	노루목이	
〃	〃	校村		
〃	〃	奮衙垈里		
〃	〃	西亭里		
〃	〃	王巨里		
〃	〃	水村	무란이	
〃	〃	山直里		
〃	〃	艾峙里	쑥티	
〃	〃	常心里	어덕밀	
〃	〃	下坪里	아릐벌말	
〃	〃	上坪里	위벌말	
〃	〃	長坡里		
〃	〃	驛村	역말	
〃	〃	道井洞	도졍골	
〃	〃	葛谷里	칙덕골	
〃	〃	白谷里	빅실	
〃	〃	通山里	통뫼	
〃	站名	–	-	
〃	酒幕名	龍頭里店	노루목쥬막	

面名	種　別	地　名	諺　文	備　攷
〃	〃	王巨里店		
〃	〃	下坪里店	아릐벌말쥬막	
〃	〃	西亭里店		
〃	嶺峙峴名	龍斗峴	컨고기	邑面 龍斗里
〃	古蹟名所	杜陵山城		〃 白谷里　沿革未詳只有古墟
〃	城堡名	–	–	
〃	寺刹名	–	–	
大面	山谷名	明德山		大面 下松里
〃	〃	飛鳳山		〃 飛鳳洞
〃	〃		비젹산	〃 艮谷里
〃	渡津名	–	–	
〃	譯名	–	–	
〃	市場名	–	–	
〃	池名	–	–	
〃	關防名	–	–	
〃	古碑名	塔		〃 三心洞　三韓時代ヨリ由来シタ話ハ有ッテモ沿革未詳
〃	〃	仝		〃 高陽同　三韓時代ヨリ由来シタノ話ハ有ッテモ来歷未詳
〃	野坪名		셥들	大面下后洞
〃	〃		원압들	〃 海南洞
〃	面祉坊名	大面		
〃	院名	–	–	

面名	種 別	地 名	諺 文	備 攷
〃	浦口名	–	–	
〃	堤堰洑名	–	–	
〃	寺刹名	–	–	
〃	土産名	租		
〃	〃	大麥		
〃	〃	小麥		
〃	〃	大豆		
〃	〃	小豆		
〃	〃	棉花		
〃	江川溪澗		솔티닉	大面 上松里
〃	〃		함박실닉	〃 大朴里
〃	洞里村名	上後洞	위뒤골	
〃	〃	下後洞	아릐뒤골	
〃	〃	杜洞	두물	
〃	〃	柹木洞		
〃	〃	三心洞		
〃	〃	大朴里	함박실	
〃	〃	飛鳳洞		
〃	〃	上松里	위숄틔	
〃	〃	下松里	아릐숄틔	
〃	〃	鳥谷里	싀울	
〃	〃	月新垈里		
〃	〃	南泉寺里		
〃	〃	高陽洞		

面名	種　別	地　名	諺　文	備　攷
〃	〃	碁谷里	바독골	
〃	〃	鴈舞洞		
〃	〃	毛好里		
〃	〃	海南洞		
〃	〃	艮谷里	가리실	
〃	站名	–	–	
〃	酒幕名		숄틔쥬막	大面 上松里
〃	〃	海南洞酒店		〃 海南洞
〃	〃	艮谷里酒店		〃 良谷里
〃	〃	大朴里酒店	함박실쥬막	〃 大朴里
〃	〃		여제단쥬막	〃 下後洞
〃	嶺峙峴名	松峙	솔틔지	〃 上松里
〃	〃		모리고기	〃 毛好里
〃	古蹟名所	–	–	
〃	城堡名	–	–	
木面	山谷名	鷽鳳山		木面 五山里
〃	〃	鷄峯山		〃 鷄峰里
〃	〃	薇蕨山		〃 本義谷里
〃	渡津名	半灘津	반여울	〃 店洞
〃	驛名	–	–	
〃	市場名	–	–	
〃	池名	–	–	
〃	關防名	–	–	
〃	古碑名	–	–	

面名	種　別	地　名	諺　文	備　攷
〃	野坪名	中洑坪	즁보들	〃 五山里
〃	〃	後營坪	후영이들	木面 店洞
〃	〃	坪里坪	철마졍이들	〃 坪里
〃	面社坊名	木面		
〃	院名			
〃	浦口名			
〃	堤堰洑名	池谷堤堰	못골제은	〃 內池谷里 由来未詳
〃	寺刹名	鷄峯寺		〃 鷄峯里 距今百年前ヘ廢址シ只有空墟
〃	土産名	租		
〃	〃	大麥		
〃	〃	小麥		
〃	〃	大豆		
〃	〃	小豆		
〃	〃	棉花		
〃	〃	苧		
〃	〃	痲		
〃	〃	荏		
〃	〃	煙草		
〃	江川溪澗名	半灘江	반여울	木面 店洞
〃	〃	阿可川	아가다리나ㅣ	〃 五山里
〃	〃	藿川	미역슈나ㅣ	〃 加馬洞
〃	〃	坪里川	철마졍나ㅣ	〃 坪里

面名	種　別	地　名	諺　文	備　攷
〃	洞里村名	五山里	오살뫼	
〃	〃	加馬洞		
〃	〃	店洞	점골	
〃	〃	奄田里	음져못	
〃	〃	反浦里	번거못	
〃	〃	九水洞		
〃	〃	壬長洞		
〃	〃	松竹洞		
〃	〃	石花洞		
〃	〃	乾芝洞		
〃	〃	麻苧洞		
〃	〃	無愁洞	무슈울	
〃	〃	松內里	솔안	
〃	〃	月新岱里	용군이	
〃	〃	中新岱里		
〃	〃	長久洞		
〃	〃	羅分洞		
〃	〃	長琴寺里	장금졀	
〃	〃	東幕里		
〃	〃	本義谷里	본의실	
〃	〃	坪里	쳘마졍	
〃	〃	幕洞里		
〃	〃	安心洞		
〃	〃	介也山里	긔야뫼	

面名	種 別	地 名	諺 文	備 攷
〃	〃	大平洞		
〃	〃	上新垈里	위싯터	
〃	〃	下新垈里	아릐싯터	
〃	〃	曽谷里	증계실	
〃	〃	外池谷里	밧못골	
〃	〃	內池谷里	안못골	
〃	〃	干杜門里		
〃	〃	鷄峯里		
〃	站名	-	-	
〃	酒幕名	五山里店	참나무졍이쥬막	
〃	〃	馬也谷店	마야위쥬막	
〃	〃	松下洞店		加馬洞
〃	〃	半灘津山	반여울쥬막	
〃	〃	壬長洞店		
〃	〃	艮杜門店		
〃	〃	院垈店	원터쥬막	
〃	〃	坪里店	철마졍이쥬막	
〃	〃	月新垈店	용군이쥬막	
〃	嶺峙峴名	中房嶺	즁방고기	大平洞
〃	〃	狐嶺	여호고기	乾芝洞
〃	古蹟名所名	旋閭	졍문	大平洞,孝子尹光殷,忠臣尹翊等閭 朝鮮開國三百年八月日命旋
〃	〃	旋閭	졍문	下新垈里孝子李谌閭朝鮮開國四百八十一

面名	種 別	地 名	諺 文	備 攷
				年九月日命旋
〃	城堡名	ㅡ	-	
仍面	山谷名	翰林峰		仍面 自店洞
〃	〃	舍人峰		〃 馬崎里
〃	〃	七甲山		〃 天庄里
〃	〃	梧桐山		〃 新垈里
〃	渡津名	ㅡ	-	
〃	駅名	ㅡ	-	
〃	市場名	致城市		〃 場垈里 邑內移設ノ爲メ廢止
〃	池名	ㅡ	-	
〃	關防名	ㅡ	-	
〃	古碑名	ㅡ	-	
〃	野坪名	鳥谷坪	시울평	仍面 德洞
〃	〃	致城坪	장터평	〃 光生里
〃	面社坊名	仍面		
〃	院名	ㅡ	-	
〃	浦口名	ㅡ	-	
〃	堤堰洑名	短字堤		〃 孔孔里 場內作畓年久シテ諸水灌漑ナシ
〃	寺刹名	ㅡ	-	
〃	土産名	租		
〃	〃	大麥		
〃	〃	小麥		

面名	種 別	地 名	諺 文	備 攷
〃	〃	大豆		
〃	〃	小豆		
〃	〃	粟		
〃	〃	烟草		
〃	〃	苧		
〃	〃	棉花		
〃	江川溪澗名	鳥谷溪	시울닉	〃 德洞
〃	洞里村名	自店洞		
〃	〃	馬峙里		
〃	〃	沙器店村	식말	
〃	〃	九乙里	굴를	
〃	〃	店心洞		
〃	〃	大峙里	한틔	
〃	〃	天庄里		
〃	〃	外草里	놋졈이	
〃	〃	檢斗里	금두실	
〃	〃	新垈里	위궉들	
〃	〃	德洞	아릭궉들	
〃	〃	內垈里	안터	
〃		內草里	안식울	
〃	〃	瓦村		
〃	〃	鶴岩里	학바위	
〃	〃	方丑洞	큰골	
〃	〃	厤斤洞	마근골	

面名	種　別	地　名	諺　文	備　攷
〃	〃	孔孔里	아릐너분달	
〃	〃	金頭里	너분달	
〃	〃	德城里	덕지	
〃	〃	文城里	벌쥬막이	
〃	〃	光生里		
〃	〃	場垈里	장터	
〃	〃	草夫里	초부리	
〃	〃	王峴里	옥현리	
〃	站名	–	-	
〃	酒幕名	致城酒幕	장터쥬막	仍面 場垈里
〃	〃	馬峙酒幕		仍面 馬峙里
〃	〃	大峙酒幕	한틔쥬막	〃 大峙里
〃	〃	九乙酒幕	굴를쥬막	〃 九乙里
〃	〃		슈유나무졍이쥬막	〃 內垈里
〃	〃	鶯岩酒幕		〃 鶯岩里
〃	嶺峙峴名	馬峙		〃 馬峙里
〃	〃	大峙	흔틔지	〃 大峙里
〃	古蹟名所名	–	-	
〃	城堡名	–	-	
靑面	山谷名	鶯鳳山		靑面 內直里
〃	〃	石峰		〃 薪田里
〃	〃	名德峰		〃 川內里
〃	〃	富興山		〃 上太平里
〃	〃	来山	온뫼	〃 獐項里

面名	種　別	地　名	諺　文	備　攷
〃	渡津名	旺津	왕진나루	〃 旺津里
〃	〃	滄江津	창강나루	〃 江亭里
〃	驛名	–	-	
〃	市場名	–	-	
〃	池名	–	-	
〃	関防名	–	-	
〃	古碑名	孝子旋門		芝谷里李子尹聘之閭朝鮮開國二百六十八年命旋
〃	野坪名	来山坪	온뫼들	靑面中山里,上太平里,下太平里
〃	〃	青所坪		〃 青所里
〃	〃	長山坪	진산미들	〃 芝谷里
〃	〃	雲亭坪	구름정이들	〃 〃
〃	〃	白楊坪		〃 〃
〃	面社坊名	青面		
〃	院名	–	-	
〃	浦口名	–	-	
〃	堤堰洑名	–		
〃	寺刹名	–		
〃	土産名	租		
〃	〃	大麥		
〃	〃	小麥		
〃	〃	大豆		
〃	〃	小豆		

面名	種 別	地 名	諺 文	備 攷
〃	〃	棉花		
〃	〃	大根		
〃	〃	苧		
〃	〃	麻		
〃	江川溪澗名	旺津		青面 旺津里
〃	〃	滄江		青面 江亭里
〃	〃	青所川		〃 青所里
〃	〃	黃衝川		〃 獐項里
〃	〃	蓮花澗	연니기울	〃 外直里
〃	洞里村名	芝谷里	지게실	
〃	〃	薪田里	셥밧말	
〃	〃	內直里	안고듬틔	
〃	〃	外直里	밧고듬틔	
〃	〃	青所里		
〃	〃	東岱里		
〃	〃	獐項里	외통	
〃	〃	川內里	쳔니리	
〃	〃	白羽洞	흰마루	
〃	〃	細木洞	음지편	
〃	〃	泉洞	삼갈	
〃	〃	內洞	닥밧말	
〃	〃	旺津里		
〃	〃	倉峴里	창꼬지	
〃	〃	中山里	즁뫼	

面名	種 別	地 名	諺 文	備 攷
〃	〃	下太平里		
〃	〃	上太平里		
〃	〃	防築洞	방축골	
〃	〃	松山里	솔뫼	
〃	站名	―	-	
〃	酒幕名	沙場店	사장목쥬막	青面 薪田里
〃	〃	長承白里	장셩빅이	〃 上太平里
〃	嶺峙峴名	直峙	고듬틔고기	〃 內直里
〃	〃	南山峙	남산고기	〃 外直里
〃	〃	幕谷峙	막골고기	〃 芝谷里
〃	古蹟名所名	夢賚亭		旺津里量 三百年前ノ 後里居人趙讚建築ス
〃	城堡名	―	-	
場面	山谷名	太子峯		場面 書堂洞
〃	〃	聖師峯		〃
〃	〃	鷹峯	미봉지	〃 盤良洞
〃	〃		황시봉	〃 大棗洞
〃	〃		구둘봉	〃 伊火川里
〃	〃	民幕谷		〃 盤良洞
〃	〃	斲柯谷	독가마골	〃 上場里
〃	〃	畓谷	논골	〃 盤良洞
〃	〃		번텡이	〃 加利洞
〃	〃	冠谷	갓골	〃 牙山里
〃	〃	源泉谷		場面 仁良里

面名	種　別	地　名	諺　文	備　攷
〃	〃	小書堂谷	자근셔당골	〃 書堂洞
〃	〃	佛處谷	붓쳐젹골	〃 大垈里
〃	渡津名	篤亭津		〃 仁良里
〃	駅名	−	-	
〃	市場名	−	-	
〃	池名	−	-	
〃	関防名	−	-	
〃	古碑名	−	-	
〃	野坪名	篤亭坪		〃 仁良里
〃	〃	浮海坪		〃 大垈里
〃	〃	宋坪		〃 大棗洞
〃	〃	一橋坪	한다리	〃 牙山里
〃	〃	大陽坪		〃
〃	〃	大興坪		〃 笠店里
〃	〃	沙峴坪	모릐지들	〃 伊火川里
〃	面社坊名	場面		
〃	院名	−	-	〃
〃	浦口名	−	-	〃
〃	堤堰洑名	夫字堤堰	-	〃 伊火川里 堤內作沓年久シテ潴水灌漑ナシ
〃	寺刹名	−	-	
〃	土産名	租		〃
〃	〃	大麥		〃
〃	〃	小麥		〃

面名	種　別	地　名	諺　文	備　攷
〃	〃	大豆		〃
〃	〃	小豆		〃
〃	〃	秫		〃
〃	〃	粟		〃
〃	〃	枯椒		〃
〃	〃	荏		〃
〃		自錬鋼	산골	場面 書堂洞へ産出
〃	江川溪澗名	大陽川		〃 牙山里
〃	〃	篤亭江		〃 仁良里
〃	〃	大棗洞川		〃 大棗洞
〃	〃	大垈川	한터ᄂᆡ	〃 大垈里
〃	酒幕名	牙山店	오미쥬막	〃 牙山里
〃	〃	大垈店	한터쥬막	〃 大垈里
〃	洞里村名	上場里	상막골	
〃	〃	盤良谷		
〃	〃	加里洞	가리골	
〃	〃	伊火川里	이우레	
〃	〃	牙山里	음의	
〃	〃	大棗洞	ᄃᆡ츄울	
〃	〃	笠店里	갓졈	
〃	〃	大垈里	한터	
〃	〃	仁良里	바라터	
〃	〃	書堂洞		
〃	站名	－	－	

面名	種別	地名	諺文	備攷
〃	嶺峙峴名	沙峴	모릭지	場面 伊火川里
〃	〃	海岱嶺	바라터고기	〃 仁良里
〃	古蹟名所名	–	-	
〃	城堡名	–	-	
冠面	山谷名	望月山	쏘고리봉	冠面 上杻
〃	〃		고간봉	〃 分香里
〃	〃		미봉지	〃 長才洞
〃	渡津名	–	-	
〃	駅名	–	-	
〃	市場名	–	-	
〃	池名		소못	〃 分香里
〃	関防名	–	-	
〃	古碑名	–	-	
〃	野坪名	浮海坪		〃 分香里
〃	〃	長水坪		場面 廣岩里
〃	面社坊名	冠面		
〃	院名	–	-	
〃	浦口名	–	-	
〃	堤堰洑名	–	-	
〃	寺刹名	定慧寺		〃 花坪村
〃	土産名	租		
〃	〃	大麥		
〃	〃	小麥		
〃	〃	大豆		

面名	種 別	地 名	諺 文	備 攷
〃	〃	小豆		
〃	〃	烟草		
〃	〃	棉花		
〃	〃	苧		
〃	〃	荏		
〃	〃	秫		
〃	江川溪澗名	琴江川		〃 冠峴里
〃	〃		소고리닉	〃 上之川里
〃	〃		가치닉	〃
〃	洞里村名	分香里	광명이	
〃	〃	上杻里	위쥐미굴	
〃	〃	下杻里	아릭쥐미굴	
〃	〃	廣岩里	넙젹바위	
〃	〃	冠峴里	갓고기	
〃	〃	新垈里	질펀이	
〃	〃	坪里		
〃	〃	巷村	구렁말	
〃	〃	花坪村	평뜸	
〃	〃	陽支村	양지뜸	
〃	〃	新基村	싀터말	
〃	〃	鶯花洞		
〃	〃	陳畓里	무근논이	
〃	〃	上之川里	싸치닉	
〃	〃	下之川里	아릭싸치닉	

面名	種別	地名	諺文	備攷
〃	〃	長才洞	장지울	
〃	站名	–	-	
〃	嶺峙峴名	鷄鳴峙	ᄃᆞᆰ우리고기	冠面 分香里
〃	〃		오봉고기	〃 下杻里
〃	〃	葛項峙	칙목이고기	〃 陽支村
〃	〃	定慧峙		〃
〃	古蹟名所名	–	-	
〃	城堡名	–	-	
〃	酒幕名	廣岩酒幕	넙젹바위쥬막	〃 廣岩里
〃	〃	坪里酒幕		〃 坪里
〃	〃	鷄鳴峙酒幕	ᄃᆞᆰ우리쥬막	冠面 分香里
〃	〃	下杻酒幕	쥬미굴쥬막	〃 下杻里
〃	〃	花山酒幕	곤뫼쥬막	〃 花坪村
〃	〃	葛項酒幕	칙목이쥬막	〃 陽支村
赤面	山谷名	七甲山		赤面 道林里
〃	〃	兄弟峰		〃 小沙川里
〃	〃	望月山		〃 中楸里
〃	渡津名	–	-	
〃	駅名	–	-	
〃	市場名	–	-	
〃	池名	–	-	
〃	古碑名	–	-	
〃	野坪名	美堂坪		〃 美堂里
〃	〃	下楸坪		〃 下楸里

面名	種　別	地　名	諺　文	備　攷
〃	〃	中楸坪		赤面 中楸里
〃	關防名	―	-	
〃	面社坊名	赤面		
〃	院名	美駅院		〃 美堂里 院ハ今廃
〃	浦口名	―	-	
〃	堤堰洑名	―	-	
〃	寺刹名	道林寺		〃 道林里 毀破年久来歷未詳
〃	土産名	祖 租		
〃	〃	大麥		
〃	〃	小麥		
〃	〃	大豆		
〃	〃	小豆		
〃	〃	煙草		
〃	〃	沙金		
〃	江川溪澗名	道林溪		赤面 道林里
〃	〃	樂只溪		〃 樂只里
〃	洞里村名	美堂里	미력당이	
〃	〃	栗亭里		
〃	〃	桂陽里		
〃	〃	坪里	벌터	
〃	〃	道林里		
〃	〃	赤谷里	북실	
〃	〃	乭里	돌말	

面名	種 別	地 名	諺 文	備 攷
〃	〃	小沙川里		
〃	〃	大沙川里		
〃	〃	樂只里	상거리	
〃	〃	上楸里	진여울	
〃	〃	中楸里		
〃	〃	下楸里		
〃	〃	隱谷里		
〃	〃	內車洞		
〃	〃	外車洞		
〃	〃	芝谷里	질울	
〃	站名	－	-	
〃	酒幕名	美堂酒店		〃 美堂里
〃	〃	樂只酒店	산거리쥬막	〃 樂只里
〃	〃	上楸酒店	진여울쥬막	〃 上楸里
〃	嶺峙峴名	白土峴		〃 小沙川里
〃	〃	樂只峴	상거리고기	〃 樂只里
〃	〃	大文杜嶺	컨문두러미	〃 外車洞
〃	〃	小文杜嶺	자근문두러미	〃 內車洞
〃	古蹟名所名	－	-	
〃	城堡名	－	-	
	山谷名	大朴山		此ノ山名ハ無イ大面下松里明德山ガ大朴里後山ナルヲ故ヲ下松里ニ記入ス
〃	〃	鷄鳳山		此ノ山名ハナリ木面ニ鷄峰山ト云フモノ

面名	種 別	地 名	諺 文	備 攷
				ハアリ
〃	〃	七甲山		仝山ハ仍面赤面ニ跨リ故ヲ仝兩面ニ記入ス
〃	〃	鷺峯山		仝山ハ木面五山里ニ記入ス
〃	〃	光生山		仝山ハ邑面梧桐山脈ニシテ仍面光生里後山ナルニ付別ニ名稱ナリ光生山ト云フ
〃	峴名	松峴		大面　上松里ニ松峙ト記入ス
〃	〃	狐古介峴		木面　乾芝洞ニ狐嶺ト記入ス
〃	〃	獐項峴		邑面 龍斗峴ト記入ス
〃	〃	直峴		青面 內直里ト記入ス
〃	〃	大峴		仍面 大峙里ニ記入ス
〃	川名	金剛川		冠面 冠峴里ニ記入ス
〃	渡津名	汪津		青面 汪津里ニ記入ス
〃	驛名	楡楊驛		仝驛名ハ邑面駅村ニアリタル處今ハ仝名稱ナシ
〃	院名	彌勒院		赤面 美堂里ヲミレクタギト稱シ院トナシ
〃	〃	長水院		此院ハ何處ヘアルヤ今ハ仝名稱ハナシ
〃	〃	修德院		〃
〃	〃	大峙院		〃
〃	古蹟名所名	白谷里		此里ニ他ノ古蹟ハナク洞後ニ杜陵山城ト

面名	種 別	地 名	諺 文	備 攷
				云フ垈ハアルテ建物ハナシ
〃	〃	鷄峰山城		全名稱ナイ杜陵山城ノ誤稱トス
〃	堤堰洑名	孔孔堤堰		仍面 孔孔里ニ記入ス
〃	〃	地洞堤堰		木面　内池谷里ニ記入ス
〃	〃	火川堤堰		場面　伊火川里ニ記入ス
〃	〃	院堂堤堰		全名稱現今ナシ調査不能
〃	〃	沙峙堤堰		〃
〃	寺刹名	定惠寺		冠面 花坪村ニ記入ス
〃	〃	鷄峰寺		木面 鷄峰里ニ記入ス
〃	〃	道林寺		赤面 道林里ニ記入ス
〃	〃	藍浦寺		此寺ハ何處ヘアルヤ調査不能
〃	〃	瑞蓮寺		〃
〃	〃	妙峰寺		〃
〃	土産名	苧, 漆, 鐵		
〃	〃	磁器, 蜂蜜		
〃	〃	茯笭, 地黃		
〃	〃	白花蛇, 蒼朮		

17. 청양(青陽)

面名	種別	地名	諺文	備攷
邑內面	山名	牛山	우산	邑內里一名騎龍山郡北一里鎭山天安光德山爲主脉
〃	市場名	上市	윗장	仝
〃	〃	下市	아릐장	仝
〃	古碑名	永世不忘碑	영셰불망비	仝 縣監李昌齡碑
〃	〃	永世不忘碑	영셰불망비	校村縣監丁大林碑
〃	〃	永世不忘碑	영셰불망비	仝 巡察使閔致庠碑
〃	〃	永世不忘碑	영셰불망비	仝 縣監朴齊瑛碑
〃	〃	永世不忘碑	영셰불망비	仝 巡察使申櫶碑
〃	〃	永世不忘碑	영셰불망비	仝 縣監趙南渟碑
〃	〃	淸德善政碑	청덕션정비	仝 縣監金尙鉉碑
〃	〃	永世不忘碑	영셰불망비	校村縣監洪邁燮碑
〃	野坪名	塘隅坪	당마루들	退川里
〃	〃	環島坪	고리셤들	場垈里
〃	〃	土物坪	토물들	松崖里
〃	〃	蒼坪	창들	邑內里
〃	堤堰洑名	登上亭洑	등상정보	退川里由来未詳
〃	〃	栢山洑	잣뫼보	栢山里 〃
〃	〃	月川洑	월쳔보	月川里 〃
〃	〃	望三洑	망솜보	環島坪 〃
〃	〃	塘洑	당보	松崖里 〃
〃	〃	帳寄大洑	장기딕보	〃 〃
〃	〃	原岸洑	원안보	場垈里 〃

面名	種 別	地 名	諺 文	備 攷
〃	〃	碧亭洑	벽정보	碧亭里 〃
〃	〃	月洑	월보	邑內里 〃
〃	土産名	米	쌀	
〃	〃	川魚	물고기	
〃	川名	乫項川	얼항쳔	西部里
〃	洞里名	安寺洞	안젹골	
〃	〃	松崖里	속기슬	
〃	〃	碧亭里	벽함졍이	
〃	〃	場垈里	장터	
〃	〃	隱泉洞	은쳔동	
〃	〃	月川里	월쳔	
〃	〃	栢山里	잣뫼	
〃	〃	退川里	무투니	
〃	〃	砂器店	ᄉᆞ긔졈	
〃	〃	中部里	즁문거리	
〃	〃	西部里	셔문거리	
〃	酒幕名	退川酒幕	무투니쥬막	退川里
〃	〃	栢山酒幕	잣뫼쥬막	栢山里
〃	〃	校村酒幕	향교쥬막	校村里
〃	〃	隱泉洞酒幕	은쳔동쥬막	隱泉洞
〃	〃	碧亭酒幕	벽함졍이쥬막	碧亭里
〃	古蹟名	龍巖	용바위	西部里刻岩名二字 由来未詳
〃	〃	釼巖	칼바위	〃 由来未詳岩下有清泉大旱不渴

面名	種 別	地 名	諺 文	備 攷
〃	城堡名	牛城	우셩	〃 城築山類只有築痕由来未詳
〃	〃	民堡	민보	〃 在於郡衙前山而只有築痕由来未詳
北上面	山谷名	聖住山	셩쥬산	支石
〃	〃	文萊山	문릐산	黍坪
〃	〃	文博山	문박산	陶谷
〃	〃	冠帽山	간모산	新里
〃	〃	九巢山	구쇼산	雲谷
〃	〃	尹忠山	윤츙산	茅谷
〃	〃	花田山	쏫밧산	言默
〃	〃	牛金山	우금산	於琵峙
〃	〃	轝巖山	상여바위산	下九
〃	〃	內谷山	안쏠산	新垈
〃	〃	彭木谷	펑나무골	支石
〃	〃	佛堂谷	불당골	黍坪
〃	〃	藥巖谷	약바위골	陶谷
〃	〃	店谷	졈골	新里
〃	〃	內谷	안골	雲谷
〃	〃	山祭堂谷	산제당골	茅谷
〃	〃	書堂谷	셔당골	言默
〃	〃	猪谷	도야지골	於琵峙
〃	〃	後谷	뒤골	下九
〃	〃	背谷	등골	新垈
〃	野坪名	亭柱坪	졍쥬들	支石

面名	種 別	地 名	諺 文	備 攷
〃	〃	島野坪	숨들이들	黍坪
〃	〃	春橋坪	방마다리들	陶谷
〃	〃	位羅坪	ᄼ라골들	新里
〃	〃	圪坪	말리들	茅谷
〃	〃	桶美坪	통미들	言默
〃	〃	水浪坪	슈랑들	於瑟峙
〃	〃	上方坪	상방들	下九
〃	土産名	春布	츈포	
〃	〃	南草	담베	
〃	〃	陶器	질그릇	
〃	〃	磁器	ᄼ긔	
〃	洞里村名	於瑟里	어슬틔	
〃	〃	孝悌洞	쇼져골	
〃	〃	陶谷里	질울	
〃	〃	言默里	언묵이	
〃	〃	清溪洞	청계동	
〃	〃	化峙里	화틔	
〃	〃	粉洞	분골	
〃	〃	防築洞	방죽골	
〃	〃	新里	신리	
〃	〃	垈洞	터골	
〃	〃	寺洞	절골	
〃	〃	支石里	고연들	
〃	〃	黍坪里	셤안들	

面名	種 別	地 名	諺 文	備 攷
〃	〃	厚德里	후덕동	
〃	〃	茅谷里	씌아슬	
〃	〃	獐項里	노로목이	
〃	〃	桶山里	통뫼	
〃	〃	下九里	구만이	
〃	〃	位羅洞	수리골	
〃	〃	背洞	등골	
〃	〃	院洞	원모루	
〃	〃	新垈里	갈크랑이	
〃	〃	場垈里	장터	
〃	〃	梧里洞	오리골	
〃	〃	月羅洞	달이골	
〃	〃	店村	졈말	
〃	〃	雲谷里	운곡	
〃	酒幕名	石街酒幕	돌거리쥬막	支石
〃	〃	粉洞酒幕	분골쥬막	陶谷
〃	〃	方築酒幕	방죽골쥬막	新里
〃	〃	雲谷酒幕	운곡쥬막	雲谷
〃	〃	巷峙酒幕	구렁지쥬막	言黙
〃	〃	於瑟峙酒幕	어슬틔쥬막	於瑟峙
〃	〃	場垈酒幕	장터쥬막	下九
〃	〃	城隍酒幕	셔낭당이쥬막	新垈
〃	嶺峴名	鞍嶺	질마고기	黍坪
〃	〃	鳶嶺	쇼리기고기	言黙

面名	種 別	地 名	諺 文	備 攷
〃	〃	獅店嶺	시졈이고기	雲谷
〃	〃	巷峙嶺	구렁지고기	於瑟峙
北下面	山谷面	高尺山	고쳑산	上高里
〃	〃	笠帽峰	갓모봉	陽支里
〃	〃	露積峰	노젹봉	艾羅里
〃	〃	白月山	빅월산	新毛里
〃	〃	菊秀峰	국슈봉	舊毛里
〃	〃	六秀峰	륙슈봉	野光里
〃	〃	閒跡谷	한젹골	永谷里
〃	〃	鳶谷	쇼리기골	秋洞
〃	〃	自隱谷	잔골	野光里
〃	野坪名	驫坪	긔마루들	下高里
〃	〃	渴馬坪	갈마루들	接珠洞
〃	〃	泥坪	슈랑들	美洞
〃	〃	馬隅坪	말우들	上高里
〃	〃	石田坪	돌밧들	水令洞
〃	〃	介良坪	기양이들	永谷里
〃	〃	五里坪	오리들	新毛里
〃	土産名	綿花	면화	
〃	〃	麻	솜	
〃	〃	真荏	참씨	
〃	〃	南草	담베	
〃	洞里村名	艾羅里	이나리	
〃	〃	永谷里	영실	

面名	種　別	地　名	諺　文	備　攷
〃	〃	上高里	위고ᄌᆞ뫼	
〃	〃	下高里	아ᄅᆡ고ᄌᆞ뫼	
〃	〃	陽支洞	양지동	
〃	〃	接支洞	졉쥬울	
〃	〃	美洞	미둥골	
〃	〃	白巖洞	ᄇᆡ암골	
〃	〃	木果洞	모과울	
〃	〃	毛粮里	모랑이	
〃	〃	舊毛里	구모랑이	
〃	〃	上斗里	맛바위	
〃	〃	下斗里	도마ᄌᆡ	
〃	〃	休洞	휴리울	
〃	〃	水令洞	슈령골	
〃	〃	秋洞	갈ᄀᆡ울	
〃	〃	野光里	들광이	
〃	酒幕名	高亭子酒幕	고ᄌᆞ메쥬막	艾羅里
〃	〃	伯巖酒幕	맛바위쥬막	木果洞
〃	〃	水令洞酒幕	슈령골쥬막	水令洞
〃	〃	野光里酒幕	들광이쥬막	野光里
〃	嶺峴名	山黙峴	산묵이고ᄀᆡ	上高里
〃	〃	牛峴	소고ᄀᆡ	美洞
〃	〃	大嶺峴	큰고ᄀᆡ	秋洞
〃	〃	自隱峙	진골고ᄀᆡ	野光里
〃	〃	蘆洞峴	두음벙고ᄀᆡ	仝

面名	種 別	地 名	諺 文	備 攷
西上面	山谷名	隱谷山	은골산	寬洞
〃	〃	法山	범봉산	〃
〃	野坪名	松堤坪	송제평	長在洞
〃	〃	大洑坪	큰보들	中江里
〃	〃	中洑坪	즁보들	萬佳垈
〃	〃	孟澗坪	밍간들	長在洞
〃	〃	種子坪	죵ᄌ들	上江里
〃	〃	宗坪	마루들	下江里
〃	堤堰洑名	大洑	큰보	中江里由来未詳
〃	〃	中洑	즁보	〃 〃
〃	〃	種子洑	종ᄌ보	上江里由来未詳
〃	〃	宗坪洑	마루들보	下江里
〃	土産名	米	쌀	
〃	〃	陶器	옹긔	店村
〃	洞里村名	苧峙里	모시고ᄀᆡ	
〃	〃	豆音洞	뜸틔	
〃	〃	舍店里	ᄉ졈이	
〃	〃	上江里	상강	
〃	〃	中江里	즁강	
〃	〃	綠坪里	녹평	
〃	〃	寬洞	은골	
〃	〃	萬佳垈	만가듸	
〃	〃	斗閭里	두려리	
〃	〃	不雲里	불노리	

面名	種　別	地　名	諺　文	備　攷
〃	〃	下洞	하동	
〃	〃	長在洞	가는졍이	
〃	酒幕名	長在洞酒幕	가는졍이쥬막	
〃	〃	萬佳垈酒幕	만가듸쥬막	
〃	〃	綠坪酒幕	록평쥬막	
〃	嶺峴名	綠坪酒幕	뜸틔고기	
西下面	山谷名	飛鳳山	비봉산	上墨里
〃	〃	文博山	문박산	院洞
〃	〃	九峰山	구봉산	淸水洞在郡西五里
〃	〃	所龍谷	소룡골	上墨里
〃	〃	龍谷	용시골	院洞
〃	〃	寺谷	졀골	上梧里
〃	野坪名	中山坪	즁산평	新村里
〃	〃	伐坪	벌들	院洞
〃	〃	馬口坪	마구들	古邑洞
〃	〃	水春坪	물방아들	艾塘里
〃	堤堰洑名	李座首洑	이좌슈보	古邑洞由来未詳
〃	〃	沙畓洑	사답보	新村里
〃	土産名	靑苧	틱모시	
〃	〃	柿	감	
〃	洞里村名	古邑洞	곱듸실	
〃	〃	阿伊峴里	아리고기	
〃	〃	乾谷里	여우실	
〃	〃	學堂里	학당이	

面名	種 別	地 名	諺 文	備 攷
〃	〃	艾塘里	쑥당이	
〃	〃	奈達里	안골	
〃	〃	杏洞	힝동	
〃	〃	淸水洞	쳥슈동	
〃	〃	上梧里	위오리골	
〃	〃	下梧里	아릭오리골	
〃	〃	安釜洞	앙가마골	
〃	〃	院洞	원골	
〃	〃	梨木洞	비나무술	
〃	〃	新村	신촌	
〃	〃	上墨里	상묵니	
〃	〃	下墨里	묵방이	
〃	〃	竹節里	지곡졀	
〃	〃	內德里	안덕다리	
〃	〃	外德里	밧덕다리	
〃	酒幕名	人岩酒幕	인바위쥬막	古邑洞
〃	〃	院洞酒幕	원골쥬막	院洞
〃	〃	墨坊里酒幕	먹방이쥬막	下墨里
〃	嶺峴名	阿峴	아리고기	阿里峴
〃	〃	無億峙	무억고기	上梧里
南上面	山谷名	圖南山	도람산	下赤里
〃	〃	九峰山	구봉산	余峙里
〃	〃	天馬山	쳔마봉	中九里
〃	〃	斗里山	두리봉	上赤里

面名	種 別	地 名	諺 文	備 攷
〃	〃	富興山	부흥산	軍粮洞
〃	〃	堂山	당산	笠洞
〃	〃	遮日山	차일봉	防築洞
〃	〃	南山谷	남상골	上赤里
〃	〃	後谷	뒤골	笠洞
〃	〃	九水谷	구슈골	〃
〃	〃	柿木谷	감나무골	正卓里
〃	〃	大谷	큰골	上九里
〃	〃	小谷	ᄌᆞ근골	〃
〃	〃	畓谷	논골	長承里
〃	〃	大方谷	ᄃᆡ방골	新垈里
〃	〃	佳樂谷	가락골	軍粮洞
〃	〃	基谷	터골	〃
〃	〃	銀店谷	은졈골	中九里
〃	〃	寺谷	졀골	〃
〃	〃	葛田谷	칙들리밧골	〃
〃	〃	鳥飛谷	ᄉᆡ남골	坐洞
〃	野坪名	下赤坪	하젹평	下赤里
〃	〃	余峙坪	여치평	余峙里
〃	〃	中九坪	즁구평	中九里
〃	〃	茅亭坪	모졍이마평	軍粮洞
〃	〃	笠洞坪	입동평	笠洞
〃	〃	正卓坪	증트기평	正卓里
〃	〃	松峴坪	송현평	〃

面名	種 別	地 名	諺 文	備 攷
〃	〃	燕峙坪	비앙들	新垈里
〃	堤堰洑名	鯨川洑	고릐닉보	下赤里由来未詳
〃	〃	中洑	즁보	笠洞 〃
〃	〃	餠洑	떡보	〃 〃
〃	〃	新洑	싀보	登垈里由来未詳
〃	〃	防築	방죽	防築洞 〃
〃	土産名	米	쌀	
〃	〃	沙金	금	
〃	洞里名	防築洞	방죽골	
〃	〃	新垈里	돌담불	
〃	〃	長承里	장승뫼	
〃	〃	軍粮洞	굴량골	
〃	〃	上赤里	누럭이	
〃	〃	下赤里	아릐누럭이	
〃	〃	正卓里	증특이	
〃	〃	坐洞	좌동	
〃	〃	笠洞	갓골	
〃	〃	上九里	위구슈틔	
〃	〃	中九里	즁구슈틔	
〃	〃	麻根洞	마근골	
〃	〃	舊垈里	날근터	
〃	〃	山水洞	산슈골	
〃	〃	深谷里	깃푸실	
〃	〃	余峙里	여듸지	

面名	種　別	地　名	諺　文	備　攷
〃	酒幕名	下赤酒幕	하젹쥬막	下赤里
〃	〃	九峙酒幕	구슈틔쥬막	中九里
〃	〃	上赤酒幕	상젹쥬막	上赤里
〃	〃	余峙酒幕	여듸지쥬막	余峙里
〃	〃	軍粮洞酒幕	굴양골쥬막	軍粮洞
〃	〃	蚕頭酒幕	누여머리쥬막	笠洞
〃	〃	長承浦酒幕	장승기쥬막	長承里
〃	〃	舊垈酒幕	날근터쥬막	舊垈里
〃	嶺峴名	余峙	여듸지	余峙里
〃	〃	九水峙	구슈틔	上九里
〃	堡名	民堡	민보	中九里只有築痕由米未詳
南下面	山谷名	九峯山	구봉산	烏峙里
〃	〃	白月山	빅월산	族閑里一名飛鳳山在郡南二十里牛山爲主脉
〃	〃	朝君山	조군산	發溫城
〃	〃	長嶇山	장구봉	九直里
〃	〃	甑峰	실우봉	上柤里
〃	〃	案山	안산	下柤里
〃	〃	啚南山	도람산	新駅里
〃	〃	鐵馬山	쇠말봉	舊駅里
〃	〃	寺谷	절골	烏峙里
〃	〃	帍出谷	범는골	鴨水洞
〃	〃	大谷	큰골	鴨水洞

面名	種 別	地 名	諺 文	備 攷
〃	〃	泉岩谷	시암바위골	族閒里
〃	〃	干支谷	간지골	新村里
〃	〃	華藏谷	화장골	水丹里
〃	〃	龍首谷	용머리골	楸木里
〃	〃	竹笛谷	져불리골	琹谷里
〃	〃	寺谷	졀골	〃
〃	〃	掛弓谷	갈궁산골	基谷里
〃	〃	鰕谷	싀우골	下梅里
〃	〃	痲谷	삼골	乭洑里
〃	〃	犂谷	보십골	〃
〃	〃	店谷	졈골	〃
〃	〃	王璽谷	옥싀골	發溫城
〃	〃	店谷	졈골	下柤里
〃	〃	墨谷	먹골	新駅里
〃	〃	民愛谷	민ᄋᆡ골	硯石里
〃	驛名	古金井驛	역말	驛村
〃	野坪名	飛岩坪	압들	飛岩里
〃	〃	公須坪	공슈골들	〃
〃	〃	造谷坪	압들	造谷里
〃	〃	灵龜坪	영근지들	〃
〃	〃	鳥峙坪	식틔들	鳥峙里
〃	〃	安加馬坪	안가막골들	草井里
〃	〃	山里坪	압들	山直里
〃	〃	鴨水坪	압슐들	鴨水洞

面名	種 別	地 名	諺 文	備 攷
〃	〃	桶山坪	통뫼들	〃
〃	〃	族閑坪	압들	族閑里
〃	〃	吳亭子坪	오정자들	〃
〃	〃	後洞坪	뒤골들	新村里
〃	〃	旺林坪	왕님들	〃
〃	〃	水丹坪	슈단이들	水丹里
〃	〃	青龍坪	청용들	〃
〃	〃	盤谷坪	압들	盘谷里
〃	〃	道谷坪	돗토실들	楸木里
〃	〃	柰亭坪	쌧나무졍이들	〃
〃	〃	白土坪	압들	白土里
〃	〃	基谷坪	압들	基谷里
〃	〃	射場坪	압들	射場洞
〃	〃	乭洑坪	압들	乭洑里
〃	〃	溫塔坪	온탑이들	〃
〃	〃	松峙坪	솔틔들	九直里
〃	〃	古寺坪	고시울들	上柤里
〃	〃	里門坪	이문안들	〃
〃	〃	水浪坪	슈랑들	〃
〃	〃	陽智坪	양지말들	下柤里
〃	〃	前坪	압들	新駅里
〃	〃	軒坪	마루들	硯石里
〃	〃	鯨川坪	고릐늬들	旧駅里
〃	〃	泥坪	질퍼니들	〃

面名	種 別	地 名	諺 文	備 攷
〃	堤堰洑名	進雪味洑	진셜미보	飛岩里由来未詳
〃	〃	亭下洑	졍주밋보	〃 〃
〃	〃	梧桐洑	오동나무밋보	造谷里 〃
〃	〃	江支洑	깅지보	〃 〃
〃	〃	水春洑	방아보	鳥峙里 〃
〃	〃	灰洑	지보	草井里 〃
〃	〃	山里坪	압들	山直里 〃
〃	〃	阻粉洑	조분머기보	鴨水洞 〃
〃	〃	走川洑	쥬닉보	水丹里 〃
〃	〃	水春洑	물방아보	乭洑里 〃
〃	〃	巨涉洑	거셥보	上杻里 〃
〃	〃	窺岩洑	엿바위보	下杻里 〃
〃	〃	新洑	신보	新駅里 〃
〃	〃	馬頭洑	말머리보	〃 〃
〃	〃	鯨川洑	고릭닉보	舊駅里 〃
〃	土産名	米	쌀	
〃	〃	沙金	금	
〃	洞里名	飛岩里	날암이	
〃	〃	新駅里	신역	
〃	〃	舊駅里	구역	
〃	〃	硯石里	연셕골	
〃	〃	造谷里	죠긔실	
〃	〃	鳥峙里	시틔	
〃	〃	山直里	구억말	

面名	種 別	地 名	諺 文	備 攷
〃	〃	草井里	쵸졍니	
〃	〃	水丹里	슈단니	
〃	〃	盘谷里	궁쌜	
〃	〃	鴨水洞	압슈울	
〃	〃	新村	싀말	
〃	〃	族閑里	족한이	
〃	〃	楸木里	거문거리	
〃	〃	白土里	빅토고기	
〃	〃	上杻里	상축	
〃	〃	下杻里	하축	
〃	〃	高寺洞	고싀울	
〃	〃	凢直里	범즉이	
〃	〃	發溫城	발온셩이	
〃	〃	乭洑里	돌보	
〃	〃	上梅里	위미기	
〃	〃	下梅里	아릐미기	
〃	〃	射場洞	사장동	
〃	〃	基谷里	터골미기	
〃	酒幕名	屯山酒幕	등짐이쥬막	飛巖里
〃	〃	灵龜地酒幕	영근지쥬막	造谷里
〃	〃	斜川酒幕	빅기니쥬막	草井里
〃	〃	鴨水酒幕	압슈울쥬막	鴨水洞
〃	〃	吳亭子酒幕	오졍ᄌ쥬막	族閑里
〃	〃	青龍酒幕	쳥용쥬막	水丹里

面名	種 別	地 名	諺 文	備 攷
〃	〃	柰亭酒幕	쌧나무정이쥬막	楸木里
〃	〃	月峙酒幕	달리지쥬막	〃
〃	〃	乭洑酒幕	돌보쥬막	乭洑里
〃	〃	下杻酒幕	싸리틔쥬막	下杻里
〃	〃	旧驛酒幕	구역쥬막	舊駅里
〃	嶺峴名	烽火峴	봉우틔	飛岩里
〃	〃	月嶺峴	월영이지	〃
〃	〃	應峴	응고기	造谷里
〃	〃	灵龜峴	영근지지	〃
〃	〃	鳥峙峴	시틔지	鳥峙里
〃	〃	山直里峴	구억말고기	山直里
〃	〃	孔德峴	공텩지	鴨水洞
〃	〃	高翔岺	고상골고기	〃
〃	〃	坐首峴	좌슈고기	盘谷里
〃	〃	釗片峴	쇠편이지	〃
〃	〃	月峙岺	달리지고기	楸木里
〃	〃	玉可室峴	옥가실지	〃
〃	〃	白峴	빅토고기	白土里
〃	〃	銅峴	구리지	基谷里
〃	〃	下牛峴	하오고기	下梅里
〃	〃	發溫城峴	발온셩이고기	乭洑里
〃	〃	溫塔峴	온탑이고기	〃
〃	〃	囉叭峙	나발틔	發溫城
〃	〃	斜陽峙	사양틔고기	下杻里

面名	種 別	地 名	諺 文	備 攷
〃	〃	杻峙峴	ᄊᆞ리틔ᄌᆞ	〃
〃	〃	石川嶺	돌ᄂᆡᄌᆞ	硯石里
東上面	山谷名	七甲山	칠갑산	板洞郡東十五里主脉 天安光德山
〃	〃	四人峰	사인봉	五龍洞
〃	〃	王女峰	옥녀봉	上金里
〃	〃	九九谷	아니골	長谷里
〃	古碑名	去思碑	거ᄉᆞ비	鷄井里縣監朴臣圭碑
〃	〃	恤民善政碑	휼민션정비	〃 縣監李鍾悳碑
〃	〃	永世不忘碑	영세불망비	〃 觀察使沈宜臣碑
〃	堤堰洑名	長洑	징보	酒洞由来未詳
〃	〃	香亭洑	상정보	鷄井里 〃
〃	〃	月村洑	월촌보	古朗洞 〃
〃	寺刹名	長谷寺	장곡ᄉᆞ	長谷洞
〃	土産名	靑苧	ᄐᆡ모시	
〃	〃	南草	담베	
〃	〃	柹	감	
〃	〃	大棗	ᄃᆡ쵸	
〃	川名	ㅊ	가치ᄂᆡ	鵲川里
〃	〃	泗水灘	ᄉᆞ슈탄	開谷里
〃	洞里名	鷄井里	계졍니	
〃	〃	炭洞	숫골	
〃	〃	酒洞	쥬동	
〃	〃	古朗洞	고랑골	

面名	種 別	地 名	諺 文	備 攷
〃	〃	上金里	읫쇠밧	
〃	〃	下金里	아릐쇠밧	
〃	〃	光大洞	광딕울	
〃	〃	廣田里	너분밧	
〃	〃	九峙里	구지	
〃	〃	開谷里	기실	
〃	〃	鵲川里	가치닉	
〃	〃	長谷里	장곡	
〃	〃	松谷里	송골	
〃	〃	板洞	늘울	
〃	〃	聖住洞	셩쥬동	
〃	〃	安大洞	안딕울	
〃	〃	獨亭里	독졍니	
〃	〃	五龍洞	오룡골	
〃	〃	大峙里	한틱	
〃	嶺峴名	大峙嶺	한틱지	大峙里
〃	〃	寺嶺	절지	板洞
〃	〃	衡山峴	져운이고기	五龍洞
〃	〃	獨亭峴	독졍이고기	光大洞
〃	〃	秋洞峴	추동고기	古朗洞
〃	〃	金田峴	쇠밧고기	下金里
〃	〃	白石峴	차돌고기	上金里
〃	〃	九峙峴	구지고기	廣田里
〃	〃	聞雷峴	문릐지	開谷里

面名	種 別	地 名	諺 文	備 攷
東下面	山谷名	國師峰	국슈봉	薏苡洞
〃	〃	朴山	박산	新店里
〃	〃	冠帽山	간모산	松谷里
〃	〃	大谷	큰골	秋洞
〃	〃	加乃鬱谷	가릐울	柿田里
〃	野坪名	大坪	큰들	下光里
〃	〃	宗坪	마루들	松谷里
〃	〃	明泰坪	명틔평	水石洞
〃	〃	斗嶺坪	말고기들	助化里
〃	〃	沃野坪	옥들	牛金里
〃	堤堰洑名	開野洑	기야보	下光里由来未詳
〃	〃	沃野洑	옥들보	化峙里 〃
〃	〃	牛鼻岩洑	쇠코바위보	牛金里 〃
〃	土産名	南草	담베	
〃	〃	木器	나무그릇	
〃	洞里村名	水石洞	독골	
〃	〃	內洞	안골	
〃	〃	牛金山	우금산	
〃	〃	化峙里	화틔	
〃	〃	下光里	하광이	
〃	〃	秋洞	츄동	
〃	〃	柿田里	감밧	
〃	〃	茂山里	무산동	
〃	〃	新店里	시졈	

面名	種 別	地 名	諺 文	備 攷
〃	〃	獨樂亭里	독낙졍이	
〃	〃	書堂洞	셔당골	
〃	〃	帍德洞	범의덕골	
〃	〃	松谷里	숑곡	
〃	〃	農所里	농쇼	
〃	〃	鍮店洞	놋졈이	
〃	〃	上甲里	위가파	
〃	〃	下甲里	아릐가파	
〃	〃	萬全洞	만젼동	
〃	〃	大馬洞	딕마동	
〃	〃	院洞	원동	
〃	〃	高亭里	고졍주	
〃	〃	橫川里	빗기닉	
〃	〃	光承里	광승이	
〃	〃	梨花亭	니화졍	
〃	〃	山直里	산즉말	
〃	〃	助化里	골말	
〃	〃	衡山里	져운니	
〃	酒幕名	柿田里酒幕	감밧쥬막	柿田里
〃	〃	助化里酒幕	골말쥬막	助化里
〃	〃	新店里酒幕	싀졈쥬막	新店里
〃	〃	水石洞酒幕	독골쥬막	水石洞
〃	〃	農所里酒幕	농쇼쥬막	農所里
〃	〃	甲坡里酒幕	가파쥬막	甲坡

面名	種　別	地　名	諺　文	備　攷
〃	嶺峙峴名	馬峴	말틔	助化里
〃	〃	開峙峴	기틔고기	甲坡
〃	〃	兄弟峴	형제고기	水石洞
〃	土産名	蟹		
〃	〃	川魚		

18. 보령(保寧)

面名	種 別	地 名	諺 文	備 攷
長尺面	山名	鎮堂山	진당산	長尺面 上里邑鎮山在郡東北四里
〃	〃	唐山		〃 中里
〃	嶺峙峴名	垤峴	질지,	〃 上里
〃	〃	鷹峰峴	미봉지	〃 馬鳴洞
〃	野坪名	女戰橋	여젼다리	〃 道郎堂里
〃	〃	戰宗坪	즌마루들	〃 真木亭
〃	川名	真木川	파릐지나	〃
〃	〃	古南川	고남나나	〃 古南里
〃	浦口名	松岩浦		〃
〃	酒幕名	馬鳴店	말우리쥬막	〃 馬鳴洞
〃	〃	長佐洞店	당지우쥬막	長尺面 長佐洞
〃	洞里村名	上里		〃 〃
〃	〃	下里		長尺面
〃	〃	道堂里		〃
〃	〃	古南里		〃
〃	〃	九水洞		〃
〃	〃	鳥谷里	싀울	〃
〃	〃	望仙洞		〃
〃	〃	長佐洞	장지울	〃
〃	〃	後洞	뒤골	〃
〃	〃	石磻里	돌반	〃
〃	〃	真木亭里	파리지	〃

面名	種別	地名	諺文	備攷
〃	〃	竹下里		〃
〃	〃	外上里		〃
〃	〃	松岩里		〃
〃	〃	內上里		〃
〃	〃	新里		〃
〃	〃	松洞	소릉골	〃
〃	〃	蛇洞	비암골	〃
〃	〃	馬站里		〃
〃	〃	飛蛾坪里		〃
〃	〃	南峴里	남방지	〃
〃	〃	桶谷里		長尺面
〃	〃	耒谷里	짜불	〃
〃	〃	內江里	안강숄	〃
〃	〃	馬鳴洞	말우리	〃
〃	〃	外江里	밧강숄	〃
〃	〃	中里		〃
周浦面	山名	烽臺山		周浦面 中坪里
〃	〃	高巒山		〃 祠堂洞郡西海邉二十里古兵戍處
〃	嶺峙峴名	下牛峴	ᄒᆞ우기지	〃 舟橋里
〃	堤堰洑名	防川洑		〃 鳴溪里
〃	駅名	青淵駅		〃 舘村
〃	野坪名	宮坪	궁들	〃 外坪里
〃	浦口名	槐浦	유틈기	〃 巨於里

面名	種 別	地 名	諺 文	備 攷
〃	酒幕名	堂山店		〃 獐項里
〃	〃	鳴溪店	울게쥬막	〃 鳴溪里
〃	〃	青淵店	녁말쥬막	〃 舘村
〃	洞里村名	外坪里	밧벌	周浦面
〃	〃	內坪里	안벌	〃
〃	〃	臺洞		〃
〃	〃	獐項里	노루목	〃
〃	〃	散古里		〃
〃	〃	大洞	쳑골	〃
〃	〃	中坪里	즁벌	〃
〃	〃	松島里		〃
〃	〃	新洞		〃
〃	〃	造今津里	됴금나루	〃
〃	〃	間坪里		〃
〃	〃	元堂里		〃
〃	〃	祠堂里		〃
〃	〃	新村		〃
〃	〃	巨於里		〃
〃	〃	馬洞		〃
〃	〃	漢嶼里		〃
〃	〃	宮堰里		〃
〃	〃	舟橋里		〃
〃	〃	鳴溪里		〃
〃	〃	舘村		〃

面名	種別	地名	諺文	備攷
〃	〃	山泉洞		〃
〃	〃	梨木洞		周浦面
〃	〃	射廳里		〃
木忠面	山名	鳳凰山		木忠面 雙岩里
〃	〃	馬山		〃 馬山里
〃	〃	武才山		〃 木里
〃	嶺峙峴名	馬山峙		〃 馬山里
〃	堤堰洑名	楓岩洑		〃 四頭里
〃	〃	新洑		〃
〃	〃	湘河洑		〃 中洑里
〃	〃	竹洞洑		〃 竹洞
〃	〃	新洑		〃
〃	〃	雙水門洑		〃 葛頭里
〃	〃	新坪洑		木忠面 新坪里
〃	〃	新洑		〃 大川里
〃	城堡名	背裏洑		〃 地藏洞
〃	野坪名	機池坪	틀못들	〃 後洞
〃	〃	蘇湖坪	소미들	〃 冠村
〃	〃	蟹坪	게들	〃 大川里
〃	〃	光明坪		〃 竹洞
〃	酒幕名	回頭店	회머리쥬막	〃 回頭里
〃	〃	篙亭店		〃 篙亭里
〃	〃	中洑店		〃 中洑里
〃	〃	高場店	노픈마당니	〃 竹洞

面名	種 別	地 名	諺 文	備 攷
〃	〃	巴自非店		〃 新村
〃	洞里村名	砂洞	삭골	〃
〃	〃	內基里	안터	〃
〃	〃	下倉里	하창	〃
〃	〃	新里		〃
〃	〃	垈洞		〃
〃	〃	後洞	뒤골	〃
〃	〃	寬洞	한숄	〃
〃	〃	伐里	벌말	〃
〃	〃	竹林里	딕션말	〃
〃	〃	木里	나물	〃
〃	〃	於艸里	너츄리	木忠面
〃	〃	中酒里		〃
〃	〃	馬山里		〃
〃	〃	新村		〃
〃	〃	冠村	아릐갈머리	〃
〃	〃	雙岩里		〃
〃	〃	地藏洞		〃
〃	〃	上葛里	위갈머리	〃
〃	〃	中洑里		〃
〃	〃	竹洞	다약골	〃
〃	〃	大川里	흔늬	〃
〃	〃	高場里	나무장터	〃
〃	〃	新坪里	싀터	〃

面名	種　別	地　名	諺　文	備　攷
〃	〃	篤亭里		〃
〃	〃	回頭里	회머리	〃
于羅面	山名	王臺山		于羅面　內松里郡南三十里新羅敬順王来遊故因名
〃	〃	蘇頭山		〃 大谷里
〃	嶺峙峴名	望峙	바라기지	〃 鳴岩里
〃	野坪名	宗坪	마루들	〃 宮村
〃	〃	大串坪	딕고지들	〃
〃	〃	保頭坪	보두막들	〃 東垈里
〃	〃	寒井坪	한우물들	〃 伊川里
〃	〃	沙浦坪	살포졍이들	〃 花峴里
〃	〃	長城坪		〃 外松里
〃	〃	上洑坪		〃 獐項里
〃	堤堰洑名	鵝洑	오리보	于羅面 花峴里
〃	〃	沙浦洑	살포졍이보	〃
〃	〃	圓山上洑	두러뫼상보	〃 侍郎洞
〃	〃	圓山下洑	두러뫼ᄒᆞ보	〃
〃	〃	木場堤塘		〃 東垈里
〃	浦口名	藍谷浦	독실포	〃 藍谷里
〃	〃	軍入浦	군드리포	〃 軍入里
〃	酒幕名	花峴店	곳고기쥬막	〃 花峴里
〃	〃	宮村店		〃 宮村
〃	〃	塔洞店	탑골쥬막	〃 塔洞
〃	〃	城隍堂店	셩황당이쥬막	〃 平薪里

面名	種 別	地 名	諺 文	備 攷
〃	〃	藍谷店	쪽실쥬막	〃 藍谷里
〃	〃	軍入店	군드리쥬막	〃 軍入里
〃	洞里村名	宮村	궁말	〃
〃	〃	興洞	흥덕골	〃
〃	〃	金庵里	쇠암	〃
〃	〃	伊川里	으름늬	〃
〃	〃	松亭里		〃
〃	〃	於田里	르랏	〃
〃	〃	內松里	안소릐	〃
〃	〃	外松里	밧소릐	〃
〃	〃	塔洞	탑골	〃
〃	〃	大洞	황골	于羅面
〃	〃	寺洞	졀골	〃
〃	〃	藍谷里	쪽실	〃
〃	〃	蓼洞	료골	〃
〃	〃	古岑里		〃
〃	〃	黑浦里	거먹기	〃
〃	〃	軍入里	군드리	〃
〃	〃	東臺里	오랏	〃
〃	〃	鳴岩里		〃
〃	〃	平薪里	평셥	〃
〃	〃	侍郞洞		〃
〃	〃	東山里	외야골	〃
〃	〃	槐洞	고리골	〃

面名	種 別	地 名	諺 文	備 攷
〃	〃	木場里		〃
〃	〃	大谷里	큰골	〃
〃	〃	內谷里		〃
〃	〃	花峴里	곳고기	〃
〃	〃	邵亭里		〃
〃	〃	獐項里	노루목이	〃
〃	〃	宮村		〃
〃	〃	新垈里		〃
青羅面	山名	白月山		青羅面 昭理洞郡東二十五里青陽鴻山接界
〃	〃	聖住山		〃 蟻坪里
〃	〃	五峯山		〃 垤谷里
〃	川名	院隅川		〃 院隅里
〃	〃	坪亭川		〃 坪亭里
〃	〃	伏兵川		〃 伏兵里
〃	嶺峙峴名	緩嶺	느진목이고기	〃 月峙里
〃	〃	月峙	다리틔	〃 芝川里
〃	酒幕名	院隅店	원모루쥬막	〃 院隅里
〃	〃	堂甘店	당검의쥬막	〃 坪亭里
〃	〃	書院店		青羅面 書院里
〃	堤堰洑名	小亭洑		〃 上中里
〃	〃	院隅洑		〃 院隅里
〃	〃	白峴洑		〃 白峴洑
〃	〃	坪亭洑		〃 坪亭里

面名	種 別	地 名	諺 文	備 攷
〃	〃	甑城洑		〃 甑城里
〃	〃	書院洑		〃 書院里
〃	〃	伏兵洑		〃 伏兵里
〃	洞里村名	下長洞		〃
〃	〃	上長洞		〃
〃	〃	元佐洞	원좌울	〃
〃	〃	堂內里	당안	〃
〃	〃	內谷里	안골	〃
〃	〃	蟻坪里	기암벌	〃
〃	〃	酒坪里	슈랑뜰	〃
〃	〃	白峴里	휘우고기	〃
〃	〃	狐洞	여슈울	〃
〃	〃		식터	〃
〃	〃	甑城里	시루셩이	〃
〃	〃	芬香里		〃
〃	〃	林泉洞	임천골	〃
〃	〃	蒼垈里	창터	〃
〃	〃	院隅里	원모루	靑羅面
〃	〃	奄內里		〃
〃	〃	西崖洞		〃
〃	〃	尭洞		〃
〃	〃	冶洞		〃
〃	〃	丁山里	익낭	〃
〃	〃	舍人洞		〃

面名	種 別	地 名	諺 文	備 攷
〃	〃		양지편	〃
〃	〃	卄峙里	스뭇	〃
〃	〃	屯垈里	둔터	〃
〃	〃	月峙里	다리틔	〃
〃	〃	芝川里	자ᄌᆞ골	〃
〃	〃	昭里洞	소리골	〃
〃	〃	上中里	위익낭	〃
〃	〃	晩川里		〃
〃	〃	隱仙洞		〃
〃	〃	伏兵里		〃
〃	〃	墻內里	담안	〃
〃	〃	西山里		〃
〃	〃	細谷里	가느실	〃
〃	〃	書院里		〃
〃	〃	垤谷里	질골	〃
〃	〃	坪亭里	벌졍ᄌᆞ	青羅面
吾三田面	山名	烏棲山		吾三田面渭峴里郡北十七里洪州結城接界
〃	嶺峙峴名	廣峙	넙틔	〃 石隅里
〃	〃	渭峴	우슈고ᄀᆡ	〃 渭峴里
〃	〃	水峴	물고ᄀᆡ	〃 上乾里
〃	堤堰洑名	下長洑		〃 下長里
〃	〃	四佳洑		〃 四佳里
〃	〃	龍頭洑		〃 龍頭里

面名	種 別	地 名	諺 文	備 攷
〃	〃	貞洞洑		〃 貞洞
〃	酒幕名	石隅店	돌모루쥬막	〃 石隅里
〃	〃	三巨里店		〃 三巨里
〃	〃	下乾店	아릐건쳔쥬막	吾三田面 下乾里
〃	〃	新坪店	싀말쥬막	〃 新坪里
〃	洞里村名	貞洞	졍골	〃
〃	〃	西村		〃
〃	〃	中里		〃
〃	〃	三巨里		〃
〃	〃	松堂里	소당이	〃
〃	〃	渭峴里	우슈고기	〃
〃	〃	上乾川里		〃
〃	〃	下乾川里		〃
〃	〃	奄峴里	음고기	〃
〃	〃	新坪里		〃
〃	〃	鳴垈里	울듸	〃
〃	〃	朴山里		〃
〃	〃	廣岩里		〃
〃	〃	新垈里		〃
〃	〃	上長田里	위장밧	〃
〃	〃	下長田里	아릐장밧	〃
〃	〃	四佳里		〃
〃	〃	上龍里		〃
〃	〃	下龍頭		〃

面名	種 別	地 名	諺 文	備 攷
〃	〃	石隅里	돌머루	〃
〃	〃	仙遊洞		〃
〃	〃	金子洞		吾三田面
〃	〃	鞍峙里	길마지	〃
〃	〃	王溪里		〃
〃	〃	柴宮洞	시궁골	〃
青所面	山名	烏棲山		青所面 聖堂里
〃	〃	城嵯山		〃 紅桃源里
〃	嶺峙峴名	廣峙	넙틔	〃 城洞
〃	〃	上鳳峙		〃 竹林里
〃	〃	下鳳峙	ᄌᆞ근ᄉᆡ지	〃 清淵里
〃	寺刹名	降仙庵		〃 聖堂里
〃	古蹟名所名	雙孝門		〃 衣食里禹氏旌門
〃	古碑名	光城碑		〃 才宮洞
〃	池名	釜淵	가마둠벙	〃 聖堂里
〃	〃	龍淵	용못	〃 清淵里
〃	浦口名	瓮岩浦	독바위	青所面 瓮岩里
〃	站名	龍淵站	용못참	〃 聖堂里
〃	〃	弘道院站		〃 紅桃源里
〃	城堡名	五星山城		〃 城洞古麗朝時築城
〃	酒幕名	細巨里店		〃 於田里
〃	〃	龍淵店	용못쥬막	〃 清淵里
〃	〃	廣峙店	넙틔쥬막	〃 城洞
〃	〃	豆粥店	팟죽거리쥬막	〃 楓井里

面名	種 別	地 名	諺 文	備 攷
〃	〃	弘道院店		〃 紅桃源里
〃	〃	瓮岩店	독밧위쥬막	〃 瓮岩里
〃	〃	彭木亭店	퓡나무쥬막	〃 青村
〃	洞里村名	論香洞		〃
〃	〃	新坪里		〃
〃	〃	陰地里		〃
〃	〃	淸淵里		〃
〃	〃	聖堂里		〃
〃	〃	城洞	셩골	〃
〃	〃	才宮洞		〃
〃	〃	竹林里		〃
〃	〃	紅桃里		〃
〃	〃	麻洞		〃
〃	〃	桃源里		〃
〃	〃	石浦里	돌기	靑所面
〃	〃	衣食里	옷밥니	〃
〃	〃	陰村		〃
〃	〃	陽村		〃
〃	〃	青村		〃
〃	〃	瓮岩里	독바위	〃
〃	〃	楓亭里	시드물	〃
〃	〃	乾井里		〃
〃	〃	陽地里		〃
〃	〃	於田里	느라골	〃

面名	種 別	地 名	諺 文	備 攷
〃	〃	文秀洞		〃
〃	〃	新安里		〃
〃	土産名	紫草, 鯊魚		〃
〃	〃	青魚, 石花		〃
〃	〃	石首魚, 箭魚		〃
〃	〃	秀魚, 銀口魚		〃
〃	〃	鱸魚, 烏赤魚		〃
〃	〃	蛤, 絡蹄		〃
〃	〃	刀魚, 蟹		〃
〃	〃	塩		〃

19. 오천(鰲川)

面名	種 別	地 名	諺 文	備 攷
川東面	山谷名	南山	남산	川東面 郡西里
〃	〃	王三峯	옥삼봉	〃 郡東門外里
〃	〃	相思峯	상사봉	〃 〃
〃	〃	鉢里峯	바리봉	〃 寺下里
川北面	〃	興龍峯	흥용봉	川北面 河宮里
河南面	〃	五老峯	오로봉	河南面 元山島鎮村里
河西面	〃	半洋山	반양산	河西面 於靑島
川東面	渡津名	龍岩津	용바위나루	川東面 郡西門外里
川北面	〃	星湖津	셩호라루	川北面 揷浦里
川東面	市場名	邑內市	읍닉장	川東面 郡東里
	池名	-	-	
	驛名	-	-	
川東面	関防名	水軍節度營	슈군졀도영	川東面 郡東里
〃	古碑名	遊擊将軍碑	유격장군비	〃 〃
〃	野坪名	川東里坪	쳥동리평	〃 川東里
川北面	〃	河宮里坪	하궁리평	川北面 河宮里
	面,社,坊名	川東面	쳔동면	川東面 川東里
	〃	川北面	쳔북면	川北面 河宮里
	〃	河南面	하람면	河南面 鎮村里
	〃	河西面	하셔면	河西面 鹿島里
川北面	院名	待舟院	디쥬완	川北面 院洞
	浦口名	-	-	
川東面	堤堰洑名	坊筆堰	방죽골	川東面 川東里坊筆洞

面名	種 別	地 名	諺 文	備 攷
〃	寺刹名	禪林寺	션임사	〃 外雄里
河西面	土産名	銅鑛	구리	河西面 外烟島里
川東面	江川溪澗名	蘇城江	소셩강	川東面 郡西門外里
〃	〃	王馬川	말시암골	〃 郡東門外里
〃	洞里村名	郡東里	군동리	〃 郡東里
〃	〃	郡西里	군셔리	〃 郡西里
〃	〃	內雄里	닉웅리	〃
〃	〃	雄浦洞	웅기	〃
〃	〃	蝴蝶洞	호졉골	〃
川東面	洞里村名	石峴里	돌고기	川東面
〃	〃	山水洞	산슈골	〃
〃	〃	蓮亭洞	연졍동	〃
〃	〃	芝洞	지동	〃
〃	〃	葛頭里	칙머리	〃
〃	〃	台峴里	지장동	〃
〃	〃	校洞	상격골	〃
〃	〃	渴馬淵洞	갈마연동	〃
〃	〃	舍岩里	사락바위	〃
〃	〃	烏洞	가그미울	〃
〃	〃	狐浦里	여슈이	〃
〃	〃	水晶洞	슈쳥구지	〃
〃	〃	蟬洞	믹미골	〃
〃	〃	陽村	양촌	〃
〃	〃	深洞	지픈골	〃

面名	種 別	地 名	諺 文	備 攷
〃	〃	牛峙里	솟지	〃
〃	〃	石所湯洞	셕바탕리	〃
〃	〃	津串之里	가슝구지	〃
〃	〃	牛浦里	우포리	〃
〃	〃	栗邉洞	밤가시	〃
〃	〃	金神里	금신리	〃
川北面	洞里村名	中郎里	즁낭골	〃
〃	〃	五鶴洞	오학	〃
〃	〃	塩城里	염셩리	〃
〃	〃	栗島洞	밤셤	〃
〃	〃	五龍洞	오룡	〃
〃	〃	恵篤洞	졋독리	〃
〃	〃	湖邉洞	호변	〃
〃	〃	桶浦里	통기	〃
〃	〃	列湖洞	여러문리	〃
〃	〃	羽浦洞	짓기	〃
〃	〃	沙汀洞	사졍리	〃
〃	〃	沙器店洞	사그졈	〃
〃	〃	上板洞	위늘문리	〃
〃	〃	下板洞	아릐늘문리	〃
〃	〃	水鉄里	무슈졈	〃
〃	〃	宗芝洞	둉지	〃
〃	〃	揷浦洞	삽기	〃
〃	〃	隱浦洞	슈문기	〃

面名	種 別	地 名	諺 文	備 攷
〃	〃	長串里	장곳리	〃
〃	〃	峯下洞	봉의골	〃
〃	〃	五晩洞	오만리	〃
〃	〃	牙浦洞	앗지	〃
〃	〃	漁網洞	어망골	〃
〃	〃	密浦洞	밀파	〃
〃	〃	河宮里	한궁	〃
〃	〃	宗坪洞	둉평	〃
〃	〃	酒缸洞	슈랑치긔	〃
〃	〃	斗滿洞	고만골	〃
〃	〃	院洞	원골	〃
〃	〃	東山洞	동산	〃
〃	〃	峯上洞	봉위골	〃
〃	〃	下仙洞	하션학	〃
〃	〃	本宮里	봉궁리	〃
〃	〃	松峴洞	송현리	〃
〃	〃	深朴洞	심박골	〃
〃	〃	禾谷洞	트터골	〃
〃	〃	氷島洞	빈셤	〃
〃	〃	冬音洞	두롱기	〃
〃	〃	川弓里	쳔궁리	〃
〃	〃	溫泉洞	온쳔리	〃
〃	〃	金坡洞	쇠판리	〃
〃	〃	梅香洞	미힝리	〃

面名	種 別	地 名	諺 文	備 攷
〃	〃	唐峴里	당곳지	〃
〃	〃	東幕里	동막리	〃
〃	〃	洛西洞	낙셔리	〃
〃	〃	鵲峴洞	작현리	〃
〃	〃	小德洞	소덕리	〃
〃	〃	德頭里	덕머리	〃
〃	〃	九洞	구동	〃
〃	〃	上薪里	위숙골	〃
〃	〃	熊川洞	곰니	〃
〃	〃	堰內洞	언니	〃
〃	〃	九峰洞	굼벙골	〃
〃	〃	下薪洞	아릐숙골	〃
〃	〃	水谷洞	숙골	〃
〃	〃	明谷洞	명곡리	〃
〃	〃	農峴里	농현리	〃
〃	〃	竹峴里	덕고기	〃
〃	〃	伐里	벌리	〃
〃	〃	倉里	창말	〃
〃	〃	新村	싀말	〃
〃	〃	川巴洞	쳔파	〃
〃	〃	舊倉洞	구창말	〃
〃	〃	斗實洞	둑실리	〃
河南面	〃	陸島里	육셤	河南面
〃	〃	月島洞	달워리	〃

面名	種 別	地 名	諺 文	備 攷
〃	〃	抽島里	쎄셤	〃
〃	〃	蔬島洞	츄셤	〃
〃	〃	烟島里	연도	〃
〃	〃	竹島洞	죽도	〃
〃	〃	開也島里	기야도	〃
〃	〃	孝子島里	소지미	〃
〃	〃	船村	션촌	〃
〃	〃	津串之洞	진고지	〃
〃	〃	點村	쳠마지	〃
〃	〃	鎭村	진말	〃
〃	〃	草箭洞	푼살	〃
〃	〃	射倉洞	사창말	〃
〃	〃	鳩峙洞	굿지	〃
〃	〃	猪頭洞	도토머리	〃
河西面	〃	古代島里	고딕도	河西面
〃	〃	長古島里	장귀염	〃
〃	〃	外漵島洞	외염도	〃
〃	〃	揷矢島里	삽시도	〃
〃	〃	拂母島洞	불모도	〃
〃	〃	狐島里	여심	〃
〃	〃	鹿島里	시심	〃
〃	〃	外烟島里	외연도	〃
〃	〃	横見島	비긔여	〃
〃	〃	黃島洞	루려	〃

面名	種 別	地 名	諺 文	備 攷
〃	〃	於青島里	를컨도	〃
	站名	-	-	
川東面	酒幕名	邑內酒幕	읍닉쥬막	川東面 郡東里
〃	〃	郡西里酒幕	군셔리쥬막	〃 郡西里
〃	〃	龍岩酒幕	농바위쥬막	〃 郡東里
〃	〃	雄浦酒幕	웅기쥬막	〃 外雄里
〃	〃	山水洞酒幕	산슈동쥬막	〃 山水洞
〃	〃	川東里酒幕	쳔동리쥬막	〃 川洞里
〃	〃	校洞酒幕	교동쥬막	〃 校洞
〃	〃	狐浦酒幕	호포쥬막	〃 狐浦
〃	〃	牛峙酒幕	솟지쥬막	〃 牛峙
川北面	〃	酒缸酒幕	슈랑칙리쥬막	川北面 酒缸
〃	〃	河宮酒幕	한궁쥬막	〃 河宮
〃	〃	梅香里酒幕	미힝리쥬막	〃 梅香里
〃	〃	長串里酒幕	진고지쥬막	〃 長串里
〃	〃	唐峴酒幕	당구지쥬막	〃 唐峴
〃	〃	熊川酒幕	곰닉쥬막	〃 熊川
〃	〃	乺實里酒幕	둑실리쥬막	〃 乺實里
〃	〃	農峴酒幕	농현쥬막	〃 農峴
〃	〃	竹峴酒幕	죽현쥬막	〃 竹峴
〃	〃	揷浦酒幕	삽포쥬막	〃 揷浦
〃	〃	湖邊酒幕	호변쥬막	〃 湖邊
河南面	〃	孝子島酒幕	효자도쥬막	河南面 孝子島
〃	〃	船村酒幕	션촌쥬막	〃 船村

面名	種 別	地 名	諺 文	備 攷
〃	〃	鎭村酒幕	진말쥬막	〃 鎭村
〃	〃	開也島酒幕	기야도쥬막	〃 開也島
〃	〃	烟島酒幕	연도쥬막	〃 烟島
河西面	〃	古代島酒幕	고딕도쥬막	河西面 古代島
〃	〃	長古島酒幕	장고도쥬막	〃 長古島
〃	〃	挿矢島酒幕	삽시도쥬막	〃 挿矢島
〃	〃	狐島酒幕	여셤쥬막	〃 狐島
〃	〃	鹿島酒幕	사셤쥬막	〃 鹿島
〃	〃	外烟島酒幕	외연도쥬막	〃 外烟島
〃	〃	於靑島酒幕	어청도쥬막	〃 於靑島
川東面	嶺峙峴名	鶴羽峴	히우고기	川東面
〃	〃	山水洞峴	산슈고기	〃
〃	〃	大牛峙	컨숏지	〃
〃	〃	小牛峙	자근숏지	〃
〃	〃	望峙	망지	〃
川北面	〃	望賓峙	손바리기지	川北面
〃	〃	惠篤峙	졋독리지	〃
川東面	古蹟名所名	姑蘓城	고소셩	川東面 郡東里
〃	〃	降仙岩	강션암	〃 〃
〃	〃	姑蘓臺	고소딕	〃 〃
〃	〃	永保亭	영보졍	〃 〃
〃	〃	岳陽樓	악양루	〃 郡西里
川北面	〃	黃鶴樓	황학루	川北面
〃	〃	寒山寺	한산ᄉ	〃

面名	種 別	地 名	諺 文	備 攷
河南面	〃	三湘池	삼상지	河南面
〃	〃	三兄弟岩	삼형제바외	〃
河西面	〃	田横廟	전횡의사당	河西面 於青島
川東面	〃	烽火臺	봉화ᄃᆡ	川東面 栗枝洞
川北面	〃	烽火臺	봉화ᄃᆡ	川北面 河宮
河南面	〃	烽火臺	봉화ᄃᆡ	河南面 元山島
河西面	〃	烽火臺	봉화ᄃᆡ	河西面 狐島
〃	〃	烽火臺	봉화ᄃᆡ	〃 鹿島
〃	〃	烽火臺	봉화ᄃᆡ	〃 外烟島
〃	〃	烽火臺	봉화ᄃᆡ	〃 於青島

一. 南山은 邑之內案山이온바 官舍가 子坐千向故로 名홈

一. 王三峯은 邑之主峯이니 自起三峯하야 姸美如玉故로 名홈

一. 相思峯은 邑之中祖峯이니 峯之北邉有美人島而一名氷島니 五六人家가 居生故意謂以此名馬而亦未有實蹟홈

一. 鉢里峯은 相思峯東邉의 禪林寺가 잇고 寺右邉의 一光峰이 잇기로 名鉢里峯홈

一. 五老峯은 河南面元山島의 主峯이니 起峯五數故로 名홈

一. 関防은 本邑이 前爲水軍節度營이온바 沿海十八邑鎮이 係于本營故로 謂以関防地而今廢홈

面名	種 別	地 名	諺 文	備 攷

一. 蘇城江은 邑之西北城外有姑蘇臺々下有一帶長江하야 自東而西下故로 仍以名홈
一. 姑蘇城은 邑之北邊城外의 有蘓城江하고 江上의 有大岩石ᄒᆞ야 如碑石樣立而其石面上의 刻姑蘇城三字故로 名홈
一. 降仙岩은 石刻姑蘇城右北邊의 亦有大岩石ᄒᆞ야 石面上의 刻降仙岩三字故로 名홈
一. 姑蘇臺는 石刻姑蘇城降仙岩而石之上의 有地平圓ᄒᆞ야 如基址樣而或聞由来之說則此處古有臺榭云홈
一. 永保亭은 本在於邑北邊城上과 姑蘇臺之東이온바 古人之詩板筆蹟이 極其彬々矣러니 去戊寅年分의 仍爲回祿而其後의 略起一亭矣러니 此亦今無홈
一. 遊擊將軍碑는 明國時海賊滋甚ᄒᆞ야 海隅蒼生이 莫可支保之致로 自明國朝廷으로 發遣季公名은 不知使之遊擊保護ᄒᆞ니 自足之後로 各處居民等이 得安生業ᄒᆞ야 爲之建閣立碑홈
一. 院名은 蘇城江北邊의 岸邊有待舟院이러니 今廢ᄒᆞ고 使津夫로 爲院直ᄒᆞ야 今居홈
一. 岳陽樓는 本在於水保亭之西와 姑蘇臺之東而不過二間之亭이온바 樓名則意或効 稱古之江南岳陽樓이온지 未可必今無홈
一. 黃鶴樓는 姑蘇城外西北間越江假量數里許이온바 自永保亭姑蘇臺로 對面相望之地寒山寺之右이오나 樓名은 亦爲効古黃鶴樓之名이온지 未可必今無홈
一. 寒山寺는 本在於黃鶴樓咫尺之地左邊이온바 本邑이 前爲節度營時에 使爲塘報寺矣러니 今無홈
一. 熢火臺는 邑之外案山高處의 置烽直ᄒᆞ야 或有邊警則晝以烟氣ᄒᆞ고 夜以擧火ᄒᆞ야 使之報警矣러니 今無홈
一. 三兄弟岩은 在河南面陸島前洋이온바 岩石三箇의 長皆文餘而如人三兄弟次節列立樣故로 云홈
一. 田橫廟는 在於河西面於靑島而田橫来居此島矣러니 在漢高帝時ᄒᆞ야 被召詣長安而未至三十里自死則島民等이 爲之建廟享祀홈
一. 堤堰洑名欄內에 坊築堰이라 ᄒᆞᆫ 處는 自二十餘年前己丑年에 作畓ᄒᆞ야 國有地編入收賭以来홈

以上

언문색인

_가_

_나_

_다_

_라_

_마_

_바_

_아_

_차_

_카_

_타_

_ 파 _

_ 하 _